Fodé Yansané
Daouda Konaté

Poluição por metais

Fodé Yansané
Daouda Konaté

Poluição por metais

Estudos da poluição metálica em algumas
espécies de peixes capturados na baía
de Tabounsou-Conakry

ScienciaScripts

Imprint

Any brand names and product names mentioned in this book are subject to trademark, brand or patent protection and are trademarks or registered trademarks of their respective holders. The use of brand names, product names, common names, trade names, product descriptions etc. even without a particular marking in this work is in no way to be construed to mean that such names may be regarded as unrestricted in respect of trademark and brand protection legislation and could thus be used by anyone.

Cover image: www.ingimage.com

This book is a translation from the original published under ISBN 978-620-6-72612-8.

Publisher:
Sciencia Scripts
is a trademark of
Dodo Books Indian Ocean Ltd. and OmniScriptum S.R.L publishing group

120 High Road, East Finchley, London, N2 9ED, United Kingdom
Str. Armeneasca 28/1, office 1, Chisinau MD-2012, Republic of Moldova, Europe
Printed at: see last page
ISBN: 978-3-330-08785-9

Dedicação

Com enorme prazer, coração aberto e imensa alegria, dedico este livro de memórias aos meus queridos,
respeitosos e magníficos pais, os falecidos Ibrahima Sory e Mamaïssata **TOURE**, em sinal de amor,
reconhecimento e gratidão por todos os sacrifícios que fizeram em meu nome.
Que a tua alma descanse em paz, querido papá.

Também dedico este trabalho à minha irmã mais velha M'Mahawa **YANSANE** e aos meus irmãos mais velhos Mikaël,
Alhassane e Ibrahima Sory **YANSANE** que me ajudaram nos momentos mais
difíceis da minha formação, muito obrigado; Deus manter-vos-á ao nosso lado durante muito tempo.

♦ A todos que me ajudaram e aos meus amigos do ISSMV/Dalaba.

*E a todos aqueles que me são queridos.

ÍNDICE DE CONTEÚDOS

PREÂMBULO

Como muitas cidades do mundo, Conacri debate-se atualmente com problemas de gestão de resíduos (domésticos e industriais) e de resíduos marítimos (provenientes de navios e aviões).

Para os habitantes locais, o litoral é considerado como uma lixeira. As águas residuais de todas as origens são descarregadas no mar sem tratamento prévio. Os efluentes líquidos descarregados pela maior parte das centrais térmicas, bem como as águas pluviais, são evacuados por um único sistema de evacuação constituído por vários colectores secundários que se reúnem num canal, que os drena para saídas que se abrem diretamente para o mar, causando poluição.

A poluição de origem terrestre, o transporte marítimo e as descargas no mar, bem como um grande número de substâncias poluentes, colocam problemas específicos ao meio marinho, na medida em que combinam toxicidade, persistência e bioacumulação na cadeia alimentar. Neste ambiente complexo, os peixes podem concentrar elementos úteis (ferro, cobre e cálcio) durante a sua alimentação, mas também elementos tóxicos (chumbo, mercúrio, arsénico) que podem ser responsáveis por perturbações digestivas, nervosas e cutâneas.

Metais como o Pb, Ni, Hg, Zn, Cd e Cu provenientes de águas residuais industriais podem prejudicar a qualidade e a sobrevivência das espécies aquáticas.

Foi com este objetivo que, no final do nosso curso universitário, escolhemos o tema *"Estudos da poluição por metais em algumas espécies de peixes capturados na baía de Tabounsou-Conakry"*. No decurso deste trabalho, deparámo-nos com dificuldades ligadas ao carácter inovador do tema, à nossa jovem experiência em investigação científica e à falta de recursos materiais e financeiros, o que nos impediu de realizar este trabalho à altura das nossas ambições. No entanto, mantemos a esperança de que, após críticas, sugestões e alterações, os nossos resultados possam servir de guia para futuros investigadores interessados neste domínio.

Devemos o mérito deste trabalho a Deus, o Todo-Poderoso, por nos ter dado a vida, a saúde e a coragem para o levar a cabo. Este trabalho é fruto de um esforço coletivo e gostaríamos de exprimir os nossos sinceros agradecimentos aos nossos consultores Dr. Daouda **KONATE** (PhD), Dr. Abdoulaye **BAH** (PhD) e Sr. Mohamed Boly **CAMARA**, respetivamente Chefe do Departamento de Medicina Veterinária em Dalaba, Secretário-Geral da Escola de Doutoramento do Centro de Investigação Científica Conakry Rogbanè (CERESCOR), Chefe da Cátedra de Pesca Marítima em Dalaba, e Sr. Ousmane II CAMARA, Biólogo das Pescas no Centro de Investigação Científica Conakry Rogbanè (CERESCOR). Ousmane II **CAMARA**, Biólogo das Pescas no Centre National des Sciences Halieutiques de Boussoura (CNSHB), pelo seu rigor, orientação, atenção e conselhos sábios na realização deste trabalho.

Gostaríamos de expressar a nossa mais profunda gratidão a todos aqueles que contribuíram de alguma forma para a elaboração desta memória.

O candidato

RESUMO

Esta investigação descritiva sobre o tema ***"Estudos da poluição por metais em algumas espécies de peixes capturados na baía de Tabounsou-Conakry"*** foi realizada de 25 de setembro de 2020 a 14 de março de 2021 inclusive.

O objetivo deste estudo foi avaliar o nível de contaminação de algumas espécies de peixes por elementos metálicos vestigiais (TME) na baía de Tabounsou, com vista a propor medidas de atenuação destes elementos.

Para atingir este objetivo, adoptámos a seguinte metodologia:

1. Consulta de quadros e análise de arquivos ;

2. Inquérito no local ;

3. Amostragem ;

4. Determinação dos parâmetros físico-químicos da água ;

5. Determinação do teor de metais na água e na carne de espécies de peixes ;

6. Medidas de atenuação propostas.

A consulta dos gestores, a análise dos arquivos e o inquérito no terreno revelaram não só as causas da poluição (diversificação dos resíduos, descarga de hidrocarbonetos no mar) e o seu impacto na ictiofauna (alteração dos peixes) da baía de Tabounsou através de uma demografia galopante, mas também a lista das espécies de peixes desembarcadas nos diferentes locais *(Pomadasys jubelini, Aruis latiscutatus, Ethmalosafimbriata, Mugil cephalus, Dentex angolensis...).*

A análise dos parâmetros físico-químicos da água nos locais de amostragem (Faban, Gbessia porto 2 e Gbessia porto 1) deu os seguintes resultados, respetivamente: Temperatura 33.82; 22.4; 23.9°C; Salinidade 33.82; 23.9; 32%; pH 6.2; 6.8; 6.5; Oxigénio 5.2; 6.8; 5.8 mg/l; Turbidez 32.3; 16.7; 31.8 NTU; Condutividade 73; 61; 69 mS/cm.

A avaliação do teor de metais da água nos locais de amostragem (Faban, Gbessia porto 2 e Gbessia porto 1) deu os seguintes resultados:

➢ Para Zn (1,58; 1,38; 1,45) e Cu (1,28; 1,12; 0,82) mg/l ;

➢ Para Pb (1,02; 0,3; 0,46) e Cd (0,31; 0,024; 0,027) mg/l.

A avaliação do teor médio de metais nos filetes das três espécies de peixe também deu respetivamente (expresso em mg/l) :

➢ Para *Pomadasys jubelini* Zn (70 e 61,3); Cu (22 e 19); Pb (0,4 e 0,34) e Cd (0,04 e 0,016);

➢ Para *Mugil cephalus* Zn (30 e 26); Cu (32,5 e 31); Pb (0,6 e 0,49) e Cd (0,07 e 0,055);

➢ Para *Dentex angolensis* Zn (24,5 e 22,8); Cu (29,6 e 28); Pb (0,21 e 19) e Cd (0,067 e 0,03).

O crescimento demográfico e o desenvolvimento das actividades humanas ao longo da baía de Tabounsou estão a ter um impacto negativo nas unidades populacionais de peixes.

INTRODUÇÃO

A preservação do ambiente marinho e costeiro está a tornar-se uma preocupação cada vez maior, uma vez que mais de metade da humanidade vive perto do mar e dele retira a maior parte dos seus recursos.

No entanto, estes recursos, benéficos para a saúde humana, estão a ser postos em causa pelas actividades humanas (efluentes industriais, efluentes e escoamentos domésticos, aportes de metais provenientes das zonas rurais, etc.), pelos derrames de hidrocarbonetos na sequência de acidentes marítimos e pelos efluentes das centrais térmicas, incluindo óleos usados, gorduras e lamas de fuelóleo, que constituem também uma séria ameaça para os ecossistemas costeiros e marinhos. A estas actividades antropogénicas juntam-se os metais emitidos em resultado de entradas naturais: vulcões e incêndios florestais (Rocher V., 2003).

Em África, as águas residuais não são geralmente tratadas e são descarregadas direta ou indiretamente na orla marítima ou na sua proximidade, muitas vezes em estuários, ou mesmo nas imediações das cidades. Por conseguinte, as populações locais são involuntariamente expostas a incómodos e a infecções cardiovasculares como a bronquite, a asma e a gastrite (Wognin SB., 2008).

Na Guiné, as infra-estruturas urbanas estão longe de assegurar as condições básicas de limpeza, devido à falta de instalações de saneamento urbano e de tratamento de resíduos, o que tem um impacto negativo na qualidade dos ecossistemas costeiros. Atualmente, reconhece-se que o aumento das áreas construídas na zona costeira, em particular em Conacri e nas cidades secundárias, indica claramente que as perspectivas de crescimento demográfico são fortes. As fontes de poluição por hidrocarbonetos e metais pesados na Guiné provêm das zonas industriais, dos portos marítimos, das rotas marítimas e das centrais térmicas (Bah A., 2019).

Assim, a proliferação de fontes de descarga através de efluentes industriais, fossas sépticas, resíduos domésticos e canais de água de escoamento na parte sul de Conacri (Baía de Tabounsou) é suscetível de promover a disfunção do ecossistema costeiro, com a consequência imediata da modificação e migração da diversidade biológica e da redução dos recursos biológicos e dos riscos de aparecimento de doenças epidemiológicas e contagiosas (como a cólera) em grande escala (Bah A., 2019).

As pressões exercidas sobre este ambiente estão a levar a uma redução da sua biodiversidade. O conhecimento deste ecossistema é, portanto, essencial. É por estas razões que decidimos centrar a nossa investigação científica no tema ***"Estudos da poluição metálica sobre algumas espécies de peixes capturados na baía de Tabounsou-Conakry"***.

Para levar a cabo este estudo, estruturámos o nosso relatório de dissertação da seguinte forma:

CAPÍTULO I: REVISÃO DA LITERATURA ;

CAPÍTULO II: MATERIAIS E MÉTODOS ;

CAPÍTULO III: RESULTADOS E DISCUSSÃO.

CAPÍTULO I: REVISÃO DA LITERATURA

I. Informações gerais sobre a poluição marinha

A legislação europeia define a poluição como "a introdução direta ou indireta, em resultado da atividade humana ou natural, de substâncias ou calor no ar, na água ou no solo, susceptíveis de afetar negativamente a saúde humana ou a qualidade dos ecossistemas aquáticos ou dos ecossistemas terrestres diretamente dependentes dos ecossistemas aquáticos, que resultem em danos a bens materiais, na deterioração ou interferência com amenidades ou outras utilizações legítimas do ambiente" (Ouali N., 2018).

A poluição é qualquer modificação antropogénica e natural de um ecossistema que resulte numa alteração da concentração de constituintes químicos naturais, ou que resulte da introdução na biosfera de substâncias químicas artificiais, de uma perturbação do fluxo de energia, da intensidade da radiação, da circulação da matéria ou da introdução de espécies exóticas numa biocenose natural (Wassim G. 2017).

A poluição também foi definida como: "a introdução pelo homem no ambiente de substâncias ou energia susceptíveis de causar danos à saúde das espécies vivas (seres humanos, recursos vivos e sistemas ecológicos)". De acordo com o mesmo autor, a contaminação é definida como: "uma entrada antropogénica de poluentes no ambiente, mas sem efeitos nocivos para a saúde das espécies vivas" (Sahbaoui F., 2015).

1.1. Definição de poluição marinha

A poluição marinha é a alteração do meio aquático: uma mudança do estado de um meio aquático ou de um sistema hídrico, que conduz à sua degradação. As alterações são definidas pela sua natureza (físicas, iónicas, orgânicas, tóxicas, bacteriológicas, etc.) e pelo seu efeito (floração, asfixia, envenenamento, modificação das populações, etc.) (Malquiot M e Bertolini P H., 2000).

A poluição pode ter repercussões a todos os níveis tróficos, desde os produtores primários até aos consumidores superiores, e pode, por conseguinte, afetar o funcionamento dos ecossistemas (Triquet-Amiard C., 2008).

O termo poluente foi definido como um alteragénio (elemento) biológico, físico ou químico que, acima de um determinado limiar ou norma, desenvolve impactos negativos sobre a totalidade ou parte de um ecossistema ou do ambiente em geral. (Gouery D, 2014).

1.2. Tipos de poluição marinha

a) Poluição biológica

Esta poluição divide-se em dois tipos:

- Poluição bacteriana

Este é o problema mais importante do ponto de vista económico e sanitário e diz respeito à poluição das praias (água e areia), às doenças de pele e às gastroenterites dos banhistas (Cravez V e Bernard G., 2006).

- Poluição por espécies marinhas estranhas ao meio marinho

A poluição pode ser causada pela introdução de uma espécie marinha numa zona onde ela está normalmente ausente (espécie invasora) e onde tem um impacto significativo (Bouchriti P., 2003).

b) Poluição física

A poluição física ocorre quando a estrutura física do meio marinho é alterada por diversos factores, tais como a libertação de água doce para reduzir a salinidade (por uma central hidroelétrica), a libertação de água aquecida ou arrefecida (por uma central eléctrica ou uma fábrica), a libertação de substâncias líquidas ou sólidas que alteram a turbidez do meio (lama, lodo, macro-resíduos, etc.) ou a libertação de radioatividade (Cravez V e Bernard G., 2006).

c) Poluição química

A poluição química das águas resulta da libertação de certas substâncias minerais tóxicas nos cursos de água, tais como nitratos, fosfatos, amoníaco e outros sais, bem como iões metálicos (Pb, Ni, Hg, Zn, Cd, Cu). Estas substâncias têm um efeito tóxico sobre a matéria orgânica, tornando-a mais perigosa. O resultado é a poluição radioactiva, em que a radioatividade das águas naturais pode ser de origem natural ou artificial (energia nuclear) (Cravez V e Bernard G., 2006).

d) Eutrofização do litoral

Os nutrientes contribuirão para a proliferação de plantas aquáticas e de algas. Apesar de estas últimas constituírem a base da teia alimentar nos ecossistemas aquáticos, a sua proliferação contraria o equilíbrio natural entre produtores e consumidores e dá origem a outros problemas, como a floração e a asfixia (Berg D M. et *al.,* 2009).

I.3. Origens da poluição marinha

A produção e a emissão de poluentes provêm frequentemente de actividades humanas, como a agricultura (adubos, pesticidas e agroquímicos), a indústria (oligoelementos e compostos orgânicos), o desenvolvimento urbano (agentes patogénicos, substâncias orgânicas, oligoelementos nas águas residuais) e o turismo (lixo, plásticos no litoral) (Larno V., 2001).

a) Efluentes urbanos

A maior parte dos efluentes urbanos são descarregados diretamente no meio marinho imediato sem qualquer medida de tratamento. Estes efluentes estão fortemente carregados de poluentes minerais e de microrganismos (bactérias, vírus patogénicos e parasitas). No interior das aglomerações urbanas, estes efluentes contêm resíduos químicos provenientes de actividades domésticas e industriais e, na maioria dos casos, fluem para os colectores principais. As entradas terrestres durante a precipitação podem também drenar resíduos (domésticos) para os meios aquáticos através da lixiviação (Sahbaoui F., 2015).

b) Efluentes e emissões industriais

As indústrias situadas nas zonas costeiras descarregam os seus resíduos diretamente no mar ou nos cursos de água. As emissões atmosféricas da indústria projectam poluentes que podem ser transferidos por via aérea para o mar (Sahbaoui F., 2015).

Os resíduos industriais podem conter metais pesados (cobre, cádmio, níquel, mercúrio, chumbo, etc.) ou outras substâncias perigosas (hidrocarbonetos, titânio, etc. ....) (Chiffoleau J F et a/.,2001).

c) Rios e riachos

Os rios poluídos transportam cargas consideráveis de resíduos líquidos para o meio marinho. Para além das entradas provenientes de instalações industriais e de aglomerações urbanas, os rios podem por vezes transportar também fertilizantes e pesticidas utilizados na agricultura. Os rios contribuem assim de forma significativa para o transporte de poluentes (Sahbaoui F., 2015).

d) Descargas costeiras não controladas

Várias formas de deposição de resíduos sólidos e líquidos no meio marinho ou na sua proximidade contribuem direta ou indiretamente para a poluição marinha, em função do tipo e da quantidade de material depositado (Sahbaoui F., 2015).

e) Transporte marítimo

Os derrames de hidrocarbonetos resultantes de acidentes marítimos, incluindo óleos e gorduras usados, constituem também uma séria ameaça para os ecossistemas costeiros e marinhos. O transporte marítimo é mais conhecido do público em geral pelos danos e poluição espectaculares que inflige no mar. Estima-se que 4 a 6 milhões de toneladas de petróleo cheguem ou sejam derramadas nos oceanos todos os anos, e o Instituto Francês do Ambiente refere que 600 000 toneladas de hidrocarbonetos são derramadas todos os anos no Mediterrâneo e três milhões de toneladas todos os anos no Mar do Norte (Chiffoleau J F et *a/.*, 2001).

I.4. Causas da poluição marinha e costeira

a) Derrames de centrais térmicas

Os efluentes líquidos descarregados pela maior parte das centrais térmicas, bem como as águas pluviais e as lamas de fuelóleo contendo metais (Hg, Zn, Cu, Pb, Ni, etc.), são evacuados por um único sistema de drenagem que os drena para saídas que se abrem diretamente para o mar, causando poluição (Wassim G., 2017).

Os produtos petrolíferos (petróleo e gás) representaram 65% do consumo total de energia nos Estados Unidos em 2000, cobrindo assim a maior parte das necessidades energéticas do país, que consome sozinho *25%* da energia comercial utilizada em todo o mundo. A massa total de energia fóssil queimada em 2000 é equivalente a 11% da quantidade total de energia solar fixada anualmente pela fotossíntese por todos os produtores primários presentes nos ecossistemas continentais. Os principais poluentes atmosféricos produzidos pela combustão são o S02 e o NOX, que dão origem a chuvas ácidas, smog fotoquímico e partículas sólidas (Wassim G., 2017).

b) Diversificação dos poluentes químicos e acumulação de resíduos

Desde o fim da Segunda Guerra Mundial, a química orgânica forneceu-nos uma infinidade de novas moléculas sintéticas. Nos anos 90, estimava-se que 120.000 moléculas eram comercializadas em todo o mundo e que entre 500 e 1.000 novas substâncias químicas eram introduzidas no mercado todos os anos. Entre elas, contam-se os plásticos, os detergentes e os materiais isolantes, que tornaram a vida quotidiana mais confortável. Um dos aspectos mais formidáveis da poluição global por produtos químicos sintéticos é o aumento das descargas de poluentes orgânicos persistentes (POP) no ambiente marinho, tanto nos países industrializados como nos países em desenvolvimento. Devido à sua ubiquidade e estabilidade, estas substâncias (PAH, PC, pesticidas organoclorados, dioxinas, etc.) encontram-se atualmente nas regiões mais remotas da biosfera (Wassim G., 2017).

c) Poluição proveniente da agricultura e da pecuária intensiva

Uma última causa importante de poluição da biosfera é o desenvolvimento de um modelo de agricultura e de criação de animais considerado moderno. A utilização de pesticidas de síntese (inseticida, fungicida, herbicida) e de adubos minerais (sais de azoto, fosfato e potássio) na agricultura intensiva conduziu a um progresso espetacular do rendimento das culturas. Estes produtos, para além dos excrementos dos animais, geram uma poluição insidiosa das águas superficiais ou costeiras e das águas subterrâneas (Wassim G., 2017).

I.5. Fontes de poluição da zona costeira e das águas marinhas guineenses

As principais fontes de poluição da zona costeira e das águas marinhas são diversas e variadas. Existem quatro categorias principais de fontes de poluição provenientes de actividades terrestres que afectam o ambiente costeiro e marinho da Guiné (Camara T e Diallo ST., 2006).

a) Águas residuais urbanas e industriais

Constituem um dos principais factores de degradação do ambiente marinho e costeiro. É sabido que, para além da rede de esgotos separada na comuna de Kaloum e de algumas instalações na cidade de Kamsar (Boké), a maior parte dos esgotos é descarregada através de fossas sépticas e de aterros sanitários na cidade de Conacri, onde se encontram 80 a 90% das unidades industriais do país. O matadouro de Conacri descarrega todos os anos no mar entre 3 000 e 7 000 toneladas de resíduos sólidos e líquidos. Além disso, todos os tipos de produtos que poluem as águas marinhas (lixo e/ou resíduos domésticos diversos, detergentes, hidrocarbonetos, resíduos químicos das indústrias, resíduos clínicos e hospitalares, resíduos de matadouros, etc.) chegam aos esgotos. Isto provoca alterações significativas na qualidade da água (pH, condutividade, dureza, oxigénio dissolvido, nitritos/nitratos, fosfatos, etc.) e tem um impacto perigoso na fauna e na flora marinhas. Este tipo de poluição, para além de constituir um risco para a saúde dos consumidores, provoca igualmente a eutrofização das águas, o que leva à floração, ao desenvolvimento de bactérias patogénicas e à alteração dos parâmetros bióticos e abióticos dos meios em causa. Conacri dispõe atualmente de um projeto de decantação de águas residuais que cobre uma superfície de 25 hectares. Na cidade de Fria, existe um sistema de decantação das águas residuais (Doté) provenientes da transformação da alumina antes da sua descarga no rio Konkouré. Nas regiões costeiras da Guiné, não existem instalações de tratamento ou de pré-tratamento das águas residuais (Camara T e Diallo ST., 2006).

No que diz respeito às actividades mineiras na zona costeira, é de salientar o seguinte:

- A Compagnie des Bauxites de Guinée (CBG - Kamsar) extrai e transforma 11 000 a 13 000 toneladas de bauxite por ano. As poeiras resultantes do processo de trituração e de pré-tratamento cobrem toda a vegetação do sul da localidade, que é arrastada para as águas costeiras logo que caem as primeiras chuvas. A trituração da bauxite e a manipulação dos hidrocarbonetos no porto dão origem a águas turvas e a outros efluentes que acabam no mar. A maior parte dos óleos usados é descarregada no meio marinho. [3]Outros problemas ambientais são as poeiras que voam em torno de Kamsar e a produção de resíduos sólidos e líquidos (o consumo de água é estimado em 9.000 m /dia) nas cidades de Kamsar e Sangarédi. [3]Estima-se que sejam descarregados diariamente 6.300 m de águas residuais.

- A fábrica de alumina Friguia Kimbo, que é uma unidade industrial, extrai minério de bauxite e transforma-o no local em alumina, que é transportada para o Porto Autónomo de Conacri (PAC). Os efluentes da transformação, que antigamente eram descarregados no rio Konkouré, podiam ser vistos tão longe quanto Conacri. Atualmente, os efluentes são descarregados num tanque de decantação próximo da fábrica. Durante o processo de produção de alumina, são utilizados em várias fases produtos como o enxofre, a cal e a soda. A quantidade de lama vermelha resultante da separação das suspensões de areia é estimada em 700 - 800 toneladas por ano. As lamas são drenadas para o lago Doté para se sedimentarem antes de serem descarregadas no rio Konkouré. De acordo com alguns estudos, esta fábrica descarrega uma tonelada de lama por tonelada de alumina produzida e cada tonelada de lama vermelha contém cerca de 15 kg de soda (Na OH), que não é reabsorvida pelo processo. Para além disso, esta lama vermelha é composta por 60% de ferro ou ($Fe_2\,O_3$), 30% de carbonatos ($CaCO_3$) com vestígios de titânio (Ti $_{O2}$) (Camara T et al., 2006).

a) Resíduos agroquímicos

Trata-se de formas de poluição de origem agrícola, incluindo pesticidas, herbicidas e poluentes orgânicos persistentes. Predominam geralmente em torno das zonas irrigadas (Camara T e Diallo ST., 2006).

De acordo com os resultados de um inquérito efectuado pela Direção Nacional das Alfândegas, a Guiné importa cerca de 11 000 toneladas de adubos minerais. Estas importações passaram de 6.925 toneladas em 1995 para 10.990 toneladas em 1998. A maior parte das importações provém da Costa do Marfim (74,2%), seguida da França (11,3%) e do Japão (8,9%). Os adubos mais importados são os triplos 15 e 17, a ureia, o sulfato de amónio, o super triplo e o sulfato de potássio. O excesso de fertilizantes infiltrados nas águas superficiais ou subterrâneas também contribui para o enriquecimento das águas e, consequentemente, para o seu potencial de eutrofização, especialmente durante a estação das chuvas (Camara T e Diallo ST., 2006).

b) Lixo, resíduos sólidos, plásticos e detritos marinhos

O lixo, os resíduos sólidos, os plásticos e os detritos marinhos encontram-se geralmente em grandes cidades como Conacri, Dubreka, Boké e Coyah, todas elas situadas perto da costa ou adjacentes a bacias hidrográficas. A cidade de Conacri tinha uma população de cerca de 2.160.000 habitantes em 2005 e a tonelagem de resíduos gerados por dia é da ordem de : 750-800 t/d, uma produção diária por habitante de : O aterro de La Minière recebe uma tonelagem anual de cerca de 200.000 t, com uma taxa de recolha do aterro de 70 a 75%. A distribuição dos resíduos ao longo da costa efectua-se de três formas:

- despejo direto de lixo no litoral: a quantidade é pequena (menos de 10%) e a sua posição é homogénea ou pouco variada, uma parte é biodegradável e outra não (restos de cozinha) na orla marítima das cidades costeiras (Camara T e Diallo ST., 2006).

- redistribuição do lixo da costa pela maré: a quantidade de lixo nesta categoria é significativa (mais de 30%). A sua composição é muito variada e os materiais são não biodegradáveis (plásticos, tecidos, pneus velhos, chapas metálicas velhas, etc.).

- a drenagem do lixo pelas águas de escoamento: os detritos vegetais e outros materiais abandonados são arrastados pelas águas de escoamento à medida que estas passam. Note-se que alguns habitantes do litoral aproveitam as chuvas fortes para utilizar os esgotos das vias urbanas como lixeiras. Os diferentes tipos de resíduos transportados pelas escorrências representam mais de 60% dos resíduos sólidos presentes na zona costeira. As análises efectuadas pelo Laboratório Nacional do Ambiente e pelo Laboratório do Ministério da Saúde mostram que as águas do litoral guineense apresentam concentrações de coliformes de 2,4 a 80 vezes superiores à norma da OMS. Os serviços atualmente prestados para o tratamento destes resíduos consistem na sua recolha e transporte para aterros não controlados, geralmente situados no meio de zonas urbanas e sem qualquer plano de ordenamento. O aterro da empresa mineira em Conacri, que ocupa uma superfície de 2 hectares, está rodeado de habitações. Os problemas ambientais e de segurança colocados por este aterro são enormes (contaminação das massas de água de superfície, perda de valor histórico e recreativo, degradação dos ecossistemas marinhos e costeiros) (Camara T e Diallo ST., 2006).

c) Exploração mineira

A Guiné é um país rico em recursos minerais variados, que são explorados tanto por industriais como por artesãos. Estima-se que as reservas de bauxite da Guiné, ainda não totalmente exploradas, ultrapassem os 10 mil milhões de toneladas, o que faz do país o mais rico do mundo em bauxite.

As jazidas de bauxite encontram-se principalmente em três zonas geográficas: Boké-Gaoual e Kindia-Fria, na Baixa Guiné, e Dabola-Tougué, na Alta Guiné. As reservas da zona de Boké-Gaoual são as mais importantes, representando cerca de dois terços das reservas nacionais.

Na zona de Boké, a bauxite encontra-se em planaltos de fácil acesso, em camadas com cerca de 8 m de espessura. Está quase totalmente isenta de resíduos de rocha. O ecossistema costeiro alberga quatro (4) portos mineiros e numerosos sítios mineiros. As actividades mineiras industriais exercem uma forte pressão sobre a fauna, a flora, a água doce e o solo destas prefeituras. Perturba os solos, destrói a vegetação, degrada as paisagens e destrói as zonas baixas (terras agrícolas por excelência) e despeja lamas vermelhas nos cursos de água. Estas lamas enchem os estuários, rios e lagoas, causando poluição e problemas de disponibilidade de água potável devido à turvação permanente das massas de água, bem como graves problemas de sobrevivência da diversidade biológica e das populações. Atualmente, as paisagens da Baixa Guiné estão muito marcadas pela vasta sangria de minas a céu aberto e pela destruição considerável dos solos, dos ecossistemas, do coberto vegetal e da fauna. Muitos grupos sociais beneficiaram da reconversão dos ecossistemas naturais em resultado da exploração dos recursos mineiros. No entanto, esses benefícios foram realizados a custos cada vez mais elevados, sob a forma de perda de biodiversidade, degradação de muitos serviços ecossistémicos e aumento da pobreza para outros grupos sociais (Bah .M 2015).

Embora as populações locais tenham beneficiado das actividades mineiras, os custos das alterações suportados pelas zonas rurais são frequentemente mais elevados. Em muitos casos, é particularmente importante notar a perda de rendimento que a exploração mineira gera para as populações locais devido à destruição de terras agrícolas e de prados de gado, à destruição e/ou poluição de charcos, à destruição de habitats e habitações, para não falar dos despejos, da deslocação de famílias, das perdas socioculturais, etc. (Bah.M 2015).

Quadro I.1: Natureza e quantidade de poluentes descarregados no mar na Guiné.

Natureza dos poluentes	Quantidade (toneladas por ano)
Óleo	600
Lubrificantes	867
Solução de bases inorgânicas	110.000 no mar e em terra
Plásticos de base não biodegradáveis	599
Matéria orgânica combustível de :	
-Do sector	105
-Artesanato	1905
- Agregados familiares (resíduos domésticos)	8600
- Veículos em fim de vida (sucata)	1200

Fonte: Plano Nacional de Ação Ambiental, 1994

I.6. Consequências da poluição

As consequências da poluição podem ser classificadas em três categorias principais (Khelil F., 2007).

a) Consequências para a saúde

O impacto da poluição depende da concentração dos poluentes, da sua virulência, da duração da exposição e do esforço físico envolvido. Estes quatro factores são muito importantes para avaliar com precisão os riscos para a saúde de um indivíduo associados à poluição.As pessoas que tomam banho em águas poluídas por esgotos sofrem frequentemente de perturbações gastrointestinais, infecções dos ouvidos, infecções dos olhos e da pele e problemas respiratórios. As epidemias de cólera e de hepatite viral são comuns nas populações costeiras e, de cada vez que ocorrem, provocam um grande número de casos mortais (Khelil F., 2007).

b) **Consequências estéticas**

Perturbam a imagem de um ambiente (por exemplo, as garrafas de plástico ou o alcatrão que dão à costa numa praia) (Khelil F., 2007).

c) **Consequências económicas**

Perdas económicas para a pesca comercial em certas regiões onde a pesca e a cultura marinha tiveram de ser limitadas ou abandonadas por razões de saúde pública, ou onde as unidades populacionais de peixes foram reduzidas em resultado da destruição de habitats ou de zonas de desova. A diminuição da qualidade e da quantidade dos produtos da pesca dos países em desenvolvimento (Khelil F., 2007).

Quadro I.2: Doenças ligadas à poluição marinha e impacto económico a nível mundial

Doenças ligadas à contaminação do meio marinho	Impacto económico/ano (milhares de milhões de dólares)
Relacionado com o banho e a natação	1,6
Consumo de marisco (hepatite)	7,2
Consumo de marisco (toxinas das algas)	4,0
Subtotal	**12,8**

Fonte: Estado do ambiente e políticas seguidas de 1972 a 2002

d) **Consequências sociais e culturais**

A nível social, a cidade de Conacri é propícia ao turismo devido às praias que a bordejam (Bel Air), aos estuários (estuário de Tabounsou, estuário de Soumbouya, estuário de Konkouré, etc.) que a cortam e às ilhas (Ilhas Loos, Ilha de Alcatraz, etc.) (Diretion Nationale du tourisme et hôtellerie Conakry, 2014). De facto, as ilhas de Kassa, Soro e Loos recebem muitos balneários de descoberta marítima. Infelizmente, este tráfego causa a sua quota-parte de problemas, pois quanto maior for o número de pessoas, maior é a probabilidade de perturbação. O tráfego intenso faz com que a vida nocturna nas vilas e cidades seja mais ativa, com os turistas a frequentarem restaurantes e bares, aumentando os níveis de ruído e perturbando a população local. De facto, os barcos e as pirogas podem muitas vezes obstruir a vista e tornar a paisagem feia, pois são enormes e perturbam o aspeto natural da paisagem (Diretion Nationale du tourisme et hôtellerie Conakry, 2014).

I.7. Efeitos da poluição nos peixes e na vida selvagem

A poluição dos meios aquáticos tem muitas consequências. As alterações físico-químicas consistem na modificação das caraterísticas do meio, como a salinidade, o pH ou a temperatura da água. Para além de um certo limiar, estas alterações tornam-se tóxicas para os organismos que vivem no meio

(Http//www.eaufrance.fr/les impacts de la pollution de l'eau, 2020).

De todos os parâmetros físico-químicos, o oxigénio e a temperatura são particularmente decisivos para a fauna e a flora. Uma quantidade de oxigénio dissolvido demasiado baixa para sustentar a vida é conhecida como hipoxia. A anóxia é a fase final, quando deixa de haver oxigénio dissolvido na água. Os episódios de hipoxia podem ser o resultado de demasiada matéria orgânica. Esta é decomposta pelas bactérias do meio, que consomem o oxigénio dissolvido na água durante este processo. No entanto, a hipoxia também pode ser causada por outros factores, como o aumento da temperatura da água (o oxigénio é menos solúvel na água) (Http//www.eaufrance.fr/les impacts de la pollution de l'eau, 2020).

É o caso, nomeadamente, dos hidrocarbonetos pesados (petróleo bruto e outros tipos de fuelóleo), que têm múltiplos impactos ligados ao engolimento físico que provocam: a vegetação coberta é sufocada, as aves oleadas não podem voar nem alimentar-se, enquanto os hidrocarbonetos leves, como os combustíveis, têm efeitos mais tóxicos. Os resíduos podem também prejudicar a biodiversidade, nomeadamente a fauna piscícola, que confunde os resíduos com os alimentos. Os resíduos de plástico podem igualmente ter efeitos tóxicos ou provocar perturbações endócrinas (Https://www.eaufrance.fr/les impacts of water pollution, 2020).

Os nutrientes (fosfatos, nitratos) estão geralmente presentes em quantidades limitadas nos meios aquáticos e constituem os chamados elementos limitantes. Qualquer fornecimento adicional destes elementos é rapidamente assimilado e estimula a produção primária. Quando o ciclo natural é perturbado pelas actividades humanas, nomeadamente pelos fertilizantes, detergentes e águas residuais em geral, o excesso de fosfatos (e, em menor grau, de nitratos) é responsável pelo fenómeno da eutrofização. Este fenómeno traduz-se por uma proliferação excessiva de algas e/ou macrófitas e por uma diminuição da transparência da água. A decomposição desta matéria orgânica abundante consome muito oxigénio e conduz frequentemente à morte em massa de espécies animais por asfixia (Leveque C et al, 2006).

As consequências ecológicas da proliferação de espécies vegetais invasoras não são menos significativas: conduzem à asfixia dos meios aquáticos através do processo de eutrofização. Além disso, estas plantas aquáticas competem com as espécies vegetais autóctones, que são excluídas do seu habitat natural (Hill K., 2003).

I.8. Resíduos

A definição de resíduos consta da lei francesa de 1975, que deu início à política de gestão de resíduos em França. Os resíduos são definidos como "qualquer resíduo de um processo de produção, de transformação ou de utilização, qualquer substância, material, produto ou, de um modo mais geral, qualquer bem móvel abandonado ou que o seu detentor tenciona abandonar".Esta definição deve ser completada pela Diretiva Europeia de 18 de março de 1991, mais restritiva, que considera resíduo "qualquer substância ou objeto incluído no Catálogo Europeu de Resíduos de que o detentor se desfaz ou tem a intenção ou a obrigação de se desfazer". Esta definição reflecte a natureza histórica e social dos resíduos através da ideia de "abandono", que marca uma redução de valor, uma desvalorização, uma relegação para as margens (Christian N e Alain R., 2004).

a) Tipos de resíduos

As actividades humanas produzem grandes quantidades de resíduos: 886 milhões de toneladas em França em 2006, com uma grande variedade de caraterísticas. Consoante a sua origem, os resíduos podem ser agrupados em quatro grandes famílias que contêm uma grande variedade de resíduos (Christian N e Alain R., 2004).

-**Resíduos urbanos:** incluem o lixo doméstico, as lamas residuais das estações de tratamento de águas residuais, os resíduos dos espaços verdes e os resíduos dos serviços públicos, das empresas e das colectividades locais; resíduos de produtos de limpeza, resíduos de tintas, medicamentos fora de prazo, resíduos animais (principalmente utilizados para espalhar na terra), carcaças de animais, embalagens (plástico, cartão, papel).

Resíduos da agricultura e da indústria agroalimentar: incluem resíduos de pesticidas e fertilizantes, óleos, peças de máquinas e equipamentos agrícolas e detritos de construção.

-Resíduos industriais: que incluem óleos usados, lamas de reservatórios ou de processos industriais, cinzas e cinzas de fundo de caldeiras industriais.

Resíduos das actividades de cuidados de saúde: que incluem os resíduos anatómicos humanos (incluindo sangue), infecciosos ou não, os resíduos anatómicos animais (laboratórios), os resíduos não anatómicos e infecciosos: seringas, pensos, resíduos (Christian N e Alain R., 2004).

Do ponto de vista ambiental, os resíduos são uma ameaça; do ponto de vista económico, são uma potencial fonte de riqueza. Nem todos os resíduos constituem uma ameaça para a saúde humana; o principal problema é a forma como são geridos. Apenas os resíduos tóxicos, infecciosos ou radioactivos exigem precauções de gestão rigorosas (Hill K., 2003).

A nova diretiva europeia de 19 de novembro de 2008, que revogará, em 12 de dezembro de 2010, a diretiva de 1975 relativa aos óleos usados e a diretiva de 1991 relativa aos resíduos perigosos, especifica igualmente que "qualquer resíduo que apresente uma ou mais das propriedades perigosas enumeradas na diretiva (irritante: reacções inflamatórias na pele e nas mucosas; nocivo: riscos limitados por ingestão, inalação ou penetração cutânea; tóxico: riscos graves ou mesmo crónicos por ingestão, inalação ou penetração cutânea) deve ser considerado perigoso".Os resíduos perigosos incluem os resíduos específicos das empresas, os resíduos tóxicos dispersos (DTQD) produzidos por todos os tipos de estruturas, incluindo os estabelecimentos de saúde, e os resíduos domésticos perigosos (DDM) (Hill K., 2003).

II. Poluição por metais

A poluição por metais vestigiais representa um problema real que depende do ambiente, do estado fisiológico do organismo e de certos factores ambientais (temperatura, pH...) (Mansouri K et *al.*, 2015).

Os organismos vivos são selectivos quanto à carga de metais nos seus corpos. Os elementos Na, K, Mg e Ca estão presentes em grandes quantidades porque têm um papel essencial nas funções metabólicas (elementos principais), enquanto outros metais estão presentes em concentrações muito mais baixas (elementos vestigiais); Entre os elementos vestigiais, há aqueles que são essenciais à vida (Cu, Zn, Co, Mn, Fe, Al, Mo, Si, V) e aqueles que não são (Cd, Pb, Hg, Sb, As, Ba, Be, Se, Ag) (Mansouri K et *al.*, 2015).

II.1. Definições de metais pesados

Existem muitas definições diferentes de metais pesados, consoante o contexto e o objetivo do estudo. De um ponto de vista puramente científico e técnico, os metais pesados também podem ser definidos como :

Qualquer metal com uma densidade superior a 5,

Qualquer metal com um número atómico elevado, geralmente superior ao do sódio (Z=11),

Qualquer metal que possa ser tóxico para os sistemas biológicos.

Alguns investigadores utilizam definições ainda mais específicas. Os geólogos, por exemplo, consideram que qualquer metal que reaja com a pirimidina é um metal pesado (Ouali N., 2018).

No tratamento de resíduos líquidos, os metais pesados indesejáveis em que estamos principalmente interessados são: As, Cd, Cr, Hg, Ni, Pb, Se, Zn (Ouali N., 2018).

Nas ciências ambientais, os metais pesados associados às noções de poluição e toxicidade são geralmente: As, Cd, Cr, Cu, Hg, Mn, Ni, Pb, Sn, Fe, Zn (Ouali N., 2018).

Por último, na indústria em geral, considera-se metal pesado qualquer metal com uma densidade superior a 5, um número atómico elevado e que represente um perigo para o ambiente e/ou para os seres humanos (Ouali N., 2018).

11.2. Classificação biológica dos metais pesados

A classificação dos metais pesados é frequentemente debatida, uma vez que alguns metais tóxicos não são particularmente "pesados", como o zinco. Por outro lado, alguns elementos não são metais mas metalóides, como o arsénio.

Por estas razões, a maioria dos cientistas prefere o termo "metais vestigiais" (TME) a "metais pesados" ou, por extensão, a "elementos vestigiais" (Miquel, 2001).

a) Oligoelementos essenciais

Os metais essenciais são oligoelementos essenciais para muitos processos celulares e que se encontram em proporções muito baixas nos tecidos biológicos. Estes oligoelementos devem satisfazer os critérios estabelecidos por (Cotzias, 1967).

- estar presente nos tecidos vivos numa concentração relativamente constante;

- causam anomalias estruturais e fisiológicas devido à sua ausência no organismo

- prevenir ou curar as perturbações, fornecendo este elemento de base.

b) Oligoelementos não essenciais

Os metais não essenciais não têm qualquer efeito benéfico conhecido na célula, mas são poluentes com efeitos tóxicos nos organismos vivos, mesmo em baixas concentrações, como o chumbo (Pb), o mercúrio (Hg) e o cádmio (Cd) (Chiffoleau, 2004).

11.3. Fontes de contaminação por metais vestigiais

Os metais vestigiais são constituintes naturais da crosta terrestre, presentes sobretudo sob a forma de minérios. Por conseguinte, estão naturalmente presentes na biosfera e na atmosfera. O vulcanismo, os incêndios e as nascentes termais contribuem para a libertação de metais no ambiente (Rocher F., 2003).

Estes factores de produção naturais foram complementados por metais emitidos em resultado das actividades humanas: extração de jazidas e utilização de metais em muitos sectores (metalurgia, fundições, incineração de resíduos, combustão de combustíveis e materiais fósseis, disseminação de produtos fitofarmacêuticos e fertilizantes na agricultura). A transferência destes compostos deve-se essencialmente à lixiviação dos solos e das águas de escoamento, que drenam grandes quantidades de produtos e resíduos para as zonas aquáticas. Os contaminantes podem então adsorver-se às partículas minerais (perda de biodisponibilidade, aprisionamento nos sedimentos). São igualmente capazes de circular na água durante um período mais ou menos longo (substâncias mais ou menos persistentes) (Ouali N., 2018).

11.4. Mecanismos de penetração de metais pesados em organismos marinhos

Nos organismos marinhos, estes elementos tóxicos penetram por três vias (Sahbaoui F., 2015)

- **A via trans-tegumentar:** contaminação direta do ambiente exterior.

- **A via respiratória (guelras):** é a principal via de contaminação.

- **Via trófica:** depende da dieta.

11.5. Transferência de contaminantes no meio marinho

Muitos organismos marinhos acumulam contaminantes em concentrações muito elevadas nos seus tecidos. Estes processos de acumulação dependem das taxas de assimilação, de excreção e de armazenamento de cada elemento (Sahbaoui F., 2015).

- **Bioacumulação:** é um mecanismo fisiológico que resulta na fixação de substâncias tóxicas nos organismos marinhos; é, portanto, a capacidade de uma determinada espécie concentrar uma determinada substância tóxica proveniente do meio externo; estas substâncias não biodegradáveis concentrar-se-ão ao longo dos vários elos da cadeia trófica, encontrando-se as concentrações máximas nos grandes predadores (peixes, mamíferos marinhos, seres humanos) ou nos moluscos filtradores, como os mexilhões.

- **Bioconcentração:** a bioconcentração é um caso especial de bioacumulação. É definida como o processo pelo qual uma substância (ou elemento) está presente num organismo vivo numa concentração mais elevada do que no seu ambiente circundante. É, portanto, o aumento direto da concentração de um contaminante quando este passa da água para um organismo aquático. O fator de concentração CF é definido como uma constante resultante da relação entre a concentração de um elemento num organismo em estado de equilíbrio e a sua concentração no biótopo.

- **Biomagnificação:** é a concentração de uma substância tóxica depois de o organismo mais pequeno da cadeia ter sido consumido pelo maior; neste caso, é a possibilidade de uma substância tóxica ser acumulada por uma cadeia trófica. Se a substância tóxica não for degradada ou eliminada, acumular-se-á cada vez mais em cada elo da cadeia alimentar.

11.6. Ciclo biogeoquímico dos metais pesados no meio marinho

Parece haver duas fases principais num ciclo biogeoquímico.

Em primeiro lugar, os poluentes metálicos seriam retidos pelas partículas em suspensão, pela biomassa marinha e pelos sedimentos, em função das condições físico-químicas do meio marinho:

- **Precipitação: um** fenómeno que ocorre quando o poluente metálico em solução cai no fundo do ambiente marinho por gravidade. No entanto, em águas profundas, alguns metais podem voltar à solução muito antes de atingir o fundo.

- **Absorção:** fenómeno que ocorre quando moléculas ou iões metálicos se fixam à superfície de componentes marinhos (partículas, organismos marinhos, sedimentos).

- **Adsorção:** é a passagem do poluente metálico para um organismo marinho.

- **Sedimentação:** fenómeno que ocorre quando os iões metálicos se sobrepõem, formando camadas de sedimentos. Os animais bentónicos contribuem para acelerar a deposição das partículas e dos metais que lhes estão associados, consolidando-os na matéria fecal. Estes animais contribuem assim para a sedimentação do meio marinho.

Uma segunda etapa, inversa à primeira, consistiria na libertação destes poluentes por dessorção ou sorção, fenómeno oposto à adsorção, por difusão ou propagação no meio marinho por redissolução ou resolução dos produtos precipitados pela decomposição e remineralização da matéria orgânica e, por vezes, até por redistribuição através dos organismos marinhos (Sahbaoui F., 2015).

11.7. Impacto dos metais pesados na saúde humana

Entre os elementos químicos minerais, os metais ocupam um lugar preponderante no nosso mundo moderno, pois estão presentes na maioria dos sectores de atividade. Muitos deles são também essenciais ao mundo vivo (ferro, zinco, etc.), por vezes em quantidades muito reduzidas (oligoelementos essenciais). Alguns destes oligoelementos (chumbo, manganês, etc.), que são essenciais em pequenas doses, tornam-se tóxicos em concentrações elevadas. Por fim, existem metais como o mercúrio, o cádmio e o crómio, que são exclusivamente tóxicos para os organismos vivos (Picot A., 2002).

O envenenamento por cádmio em mulheres grávidas tem sido associado a uma redução da duração da gravidez e do peso do recém-nascido e, recentemente, a disfunções endócrinas e/ou do sistema imunitário da criança. A exposição ao chumbo tem sido repetidamente associada a atrasos no desenvolvimento neurocomportamental. Foram efectuados vários estudos sobre a fertilidade, testando a vitalidade dos espermatozóides; a exposição a estes metais reduz esta capacidade. Embora o tratamento dos óvulos com cada um dos metais (Cd, Hg, Pb, Ni e Zn) não tenha impedido a fertilização, atrasou ou bloqueou as primeiras divisões mitóticas, pelo que se prevê uma alteração precoce do desenvolvimento embrionário (Lidsky T I e Schneider J S., 2003).

II. 8. Toxicidade dos metais pesados nos peixes

Existem três tipos de toxicidade, consoante a rapidez de aparecimento, a gravidade e a duração dos sintomas e a rapidez de absorção da substância tóxica (Sahbaoui F., 2015).

*   **Toxicidade aguda:** Ocorre durante um período muito curto da vida de um organismo, através de uma absorção rápida do tóxico, por via transmembranar (se a espécie estiver ferida), por via branquial (respiração) ou por via bucal (alimentação). As manifestações de intoxicação desenvolvem-se rapidamente e a morte, as perturbações fisiológicas muito graves ou a recuperação ocorrem sem demora.

*   **Toxicidade subletal:** Neste caso, é necessária uma exposição frequente ou repetida durante um período de vários dias ou semanas para que os sintomas apareçam.

*   **Toxicidade crónica:** Manifesta-se pelos efeitos tóxicos produzidos não pela absorção de doses bastante elevadas durante um curto período de tempo, mas sim pela exposição a concentrações muito baixas, por vezes mesmo a doses ínfimas, de substâncias poluentes na repetição de efeitos cumulativos que se medem sobre os parâmetros geralmente mais sensíveis, como a reprodução e as alterações comportamentais (fisiologia). Esta toxicidade crónica acaba por provocar perturbações muito mais graves.

III. Estudos de alguns metais pesados

III.1. Zinco

O zinco é um elemento químico metálico de cor azulada, símbolo Zn e NA 30. É um metal dito essencial. O zinco é um oligoelemento necessário para o metabolismo dos seres vivos, essencial para muitas metaloenzimas e factores de transcrição que estão envolvidos em vários processos celulares, como a expressão genética, a transdução de sinais, a transcrição e a replicação; participa também no fenómeno da fotossíntese das plantas. Entra na atmosfera naturalmente a partir do transporte de partículas do solo pelo vento, erupções vulcânicas, incêndios florestais e emissões de aerossóis marinhos. As entradas de zinco no ambiente provocadas pelo homem provêm de fontes mineiras industriais (processamento de minérios, refinação, galvanização de ferro, caleiras de telhados, baterias eléctricas, pigmentos, plásticos, borracha), de dispersão agrícola (alimentos para animais, chorume) e de actividades urbanas (tráfego rodoviário, incineração de resíduos). Nas zonas portuárias, o zinco é introduzido a partir da dissolução de ânodos utilizados para proteger os cascos dos navios contra a corrosão; está também contido em certas tintas antivegetativas. O zinco é um dos oligoelementos mais abundantes no ser humano (necessita de 15 mg/dia). Está envolvido no crescimento, no desenvolvimento dos ossos e do cérebro, na reprodução, no desenvolvimento fetal, no paladar e no olfato, nas funções imunitárias e na cicatrização de feridas (Gagneux-Moreaux S., 2006).

A exposição prolongada ao zinco pode causar anemia, problemas gastrointestinais e diarreia. A toxicidade do zinco para os organismos aquáticos não o torna um contaminante prioritário, embora em concentrações elevadas afecte a reprodução das ostras e o crescimento das larvas. Em concentrações elevadas, o zinco torna-se tóxico para as plantas e os animais e é um contaminante importante do ambiente terrestre e aquático (Lafabrie C., 2007).

A diretiva **da FAO/OMS (1989)** relativa à comestibilidade do peixe e dos produtos da pesca fixa os limiares em 40 a 100 mg/kg.

111.2. Cobre

Elemento químico metálico de cor castanho-avermelhada, com o símbolo Cu e NA 29, é um dos chamados metais essenciais.

As principais fontes de cobre nos ecossistemas costeiros são as descargas de águas residuais urbanas e industriais (metalurgia, produtos químicos) e a lixiviação dos solos agrícolas. Este oligoelemento é utilizado na composição de muitos produtos fitofarmacêuticos, pelo que se encontra no meio marinho, causando perturbações nas espécies (Nakhlé B., 2005).

O cobre está bio-disponível para os organismos no estado de oxidação (I) ou (II), a partir de sais inorgânicos ou complexos orgânicos. Está envolvido em muitas vias metabólicas, incluindo a formação de hemoglobina e a maturação dos neutrófilos. É também um cofator específico de muitas enzimas e metaloproteínas estruturais envolvidas no metabolismo oxidativo, na respiração celular e na pigmentação. O cobre é de importância vital para a manutenção dos processos biológicos. Nos moluscos, o sangue contém um pigmento respiratório à base de cobre, a hemocianina. O cobre é tóxico para os animais e os microrganismos em doses inferiores a 1 mg/l, diminui a atividade fotossintética (plantas marinhas), altera as brânquias e atrasa a postura dos ovos nos peixes; o cobre é responsável pela doença de Wilson no homem, que se deve à acumulação de cobre no fígado (Nakhlé B., 2005).

As recomendações de acordo com a diretiva relativa à comestibilidade do peixe e dos produtos da pesca fixam os limiares em menos de 30 mg/kg (**FAO/OMS 1989**).

111.3. Chumbo

Um dos TME (Trace Metal Elements) não essenciais. É um elemento metálico cinzento-azulado com o símbolo Pb e o número atómico 82. No ambiente, o chumbo está presente principalmente na atmosfera e provém de fundições, da indústria metalúrgica, da combustão de carvão, da incineração de resíduos e dos gases de escape dos veículos. No ambiente marinho, chega principalmente através de entradas atmosféricas e lixiviação de áreas urbanizadas. Os efeitos sobre a respiração, o crescimento, a reprodução e o comportamento dos vertebrados e invertebrados foram observados em concentrações muito mais elevadas, da ordem dos mg por litro. Diz-se que o chumbo na forma inorgânica exerce a sua toxicidade ao competir com metais essenciais ao funcionamento normal da célula. O chumbo é atualmente um dos poluentes mais importantes devido à sua não degradabilidade e ao seu efeito cumulativo nos ambientes e órgãos naturais (Verloo P., 2003).

A exposição a doses baixas de chumbo pode ter certos efeitos no desenvolvimento intelectual e no comportamento das crianças. A exposição a níveis elevados de chumbo pode causar doenças renais, atraso mental, anemia e problemas reprodutivos. Segundo o mesmo autor, a exposição crónica ao chumbo pode ter efeitos cardiovasculares negativos no ser humano e é também um agente cancerígeno. A anemia é um sinal caraterístico do envenenamento por chumbo; as crianças são mais sensíveis do que os adultos e o sistema nervoso também é afetado. O envenenamento por chumbo varia consoante a duração e a intensidade da exposição. Nos peixes, o chumbo, tal como o cobre, aumenta com a idade, acumulando-se no fígado, nos rins e na coluna vertebral (Casas S., 2005).

As doses letais de chumbo, sob a forma de sais minerais, são frequentemente superiores ao seu limite de solubilidade na água do mar, ou seja, 4 mg/l. O chumbo inorgânico pode, por conseguinte, ser considerado tóxico (concentração letal de 1 a 10 mg/l) ou moderadamente tóxico para as pradarias de ervas marinhas, nomeadamente a enguia e a Posidonia (concentração letal de 10 a 100 mg/l). O limiar regulamentar de qualidade sanitária é de 1,5 mg/kg-1 no âmbito do regulamento europeu CE 221/2002.

III.4. Cádmio

É um dos chamados oligoelementos não essenciais, com o símbolo Cd, NA 48 e uma cor branca brilhante. O cádmio é muito resistente à corrosão e tem caraterísticas químicas semelhantes às do cálcio, em particular o seu raio iónico, o que facilita a sua penetração nos organismos (Turkmen A et al., 2005).

O cádmio é um elemento que se encontra nos meios aquáticos sob diversas formas físicas (dissolvido, coloidal, particulado) e químicas (mineral ou orgânico). A transformação do cádmio no ambiente é determinada por uma série de variáveis físico-químicas ambientais (salinidade, pH, potencial redox, caraterísticas sedimentológicas, natureza geoquímica das partículas, concentração de cloretos). O cádmio está naturalmente presente em quantidades vestigiais nas rochas superficiais da crosta terrestre, o que o torna um elemento mais raro do que o mercúrio e o zinco. Existem duas fontes principais de cádmio:

- O cádmio primário está principalmente associado ao zinco nos minérios de zinco (0,01 a 0,05%) e é, por conseguinte, um subproduto da metalurgia do zinco, que produz uma média de 3 kg de cádmio por tonelada de zinco.

- O cádmio também está presente em minérios de chumbo e cobre e em fosfatos naturais (Jordânia, Tunísia) (Chiffoleau J.F et al., 2001).

O cádmio é um poluente ligado a um certo número de processos industriais modernos e é igualmente produzido na região agrícola como contaminante dos adubos fosfatados e das lamas de depuração, igualmente utilizadas para a fertilização. Parte da entrada de cádmio nos meios costeiros provém do compartimento atmosférico (fumos e poeiras de fundições, produtos da incineração de materiais revestidos de cádmio) e parte da lixiviação de terrenos agrícolas que contêm fertilizantes, que libertam e transportam o cádmio e outros oligoelementos para o meio marinho. Ao contrário de muitos metais, o cádmio não tem qualquer papel metabólico conhecido para os seres humanos e não parece ser biologicamente essencial ou benéfico para o metabolismo dos organismos vivos. Por vezes, substitui o Zn em sistemas enzimáticos deficientes em Zn no plâncton. O Regulamento (CE) n.º 466/2001 fixa os teores máximos de cádmio nos géneros alimentícios (1 mg/kg de peso húmido), mas não é agudamente tóxico para os organismos marinhos em concentrações susceptíveis de serem encontradas no ambiente. A um nível subletal, concentrações de 0,05 a 1,2 pg/l podem causar efeitos fisiológicos (anomalias no desenvolvimento embrionário e larvar nos moluscos bivalves) e inibição do crescimento (Chiffoleau J F et al, 2001).

IV. Estudos sobre um certo número de espécies de peixes

IV.   1. *Pomadasys jubelini*

a) Definição e morfologia

O género Pomadasys é uma espécie semi-pelágica da família Haemulidae, com um corpo comprimido lateralmente. A boca média protractil é suportada por um focinho. O opérculo não tem espinhos. A barbatana caudal é bifurcada. Em cada lado do peixe, uma linha lateral continua desde o opérculo até meio da barbatana caudal. *O Pomadasys jubelini* distingue-se dos outros peixes do mesmo género pela altura do corpo, que é um terço do comprimento da forquilha (distância entre a extremidade da boca e a forquilha da barbatana *caudal).Pomadasys jubelini* tem 5 filas de escamas acima da linha lateral na origem da barbatana dorsal; o último espinho dorsal é mais comprido do que o penúltimo; o segundo espinho anal é mais forte e mais comprido do que o terceiro; a maxila é maciça e robusta; e as manchas são relativamente pequenas, por vezes mais ou menos regularmente dispostas e de cor castanha escura (Paugy et *al*, 2003).

b) Habitat e alimentação

Pomadasys jubelini é um Haemulidae que vive em meios marinhos até 100 m de profundidade, podendo penetrar em águas salobras e, por vezes, em água doce. O seu corpo tem um fundo prateado com manchas castanho-escuras dispersas de forma bastante irregular ao longo das fileiras de escamas do dorso e dos flancos; a espécie é considerada omnívora. É uma das espécies de origem marinha perfeitamente adaptada às condições lagunares (Paugy et *al.*, 2003).

c) Reprodução

O seu ciclo reprodutivo envolve uma série de processos fisiológicos e comportamentais ligados a diversos factores do meio biótico e abiótico. O esforço reprodutivo implica não só um importante dispêndio energético sustentado pelo fornecimento direto de nutrientes, mas também a utilização de reservas previamente constituídas e armazenadas no hepatopâncreas. O domínio da biologia de Pomadasys jubelini exige, portanto, o conhecimento do seu ciclo e do seu órgão de armazenamento de energia, uma vez que o hepatopâncreas é necessário para a gametogénese. A diferenciação do hepatopâncreas e das gónadas ocorre durante a maturidade sexual de Pomadasys jubelini (Paugy et al., 2003).

Os machos de Pomadasys jubelini têm hepatopâncreas constituído por dois lóbulos distintos. Estes hepatopâncreas evoluem ao longo de cinco estádios de maturação. A classificação baseia-se essencialmente no tamanho, na vascularização e na coloração dos lóbulos. Os diferentes estádios são os seguintes

Fase 1: Os indivíduos medem em média 19,6 cm, com uma altura média de 5,2 cm e pesam 106,2 g. O hepatopâncreas mede 3,3 cm com um peso de 1 g e é constituído por dois lóbulos castanhos desiguais. O lobo esquerdo é maior do que o direito.

Fase 2: espécimes que medem 20,9 cm por 5,4 cm. Pesam 150 g e têm hepatopâncreas com uma média de 4,2 cm. Estes hepatopâncreas pesam 1,56 g e são de cor vermelha com dois lóbulos desiguais, sendo o lóbulo direito menos desenvolvido.

Fase 3: Os peixes nesta fase pesam 221,6 g. Têm 23,7 cm de comprimento e 7 cm de altura. Os seus hepatopâncreas têm 4,6 cm de comprimento e pesam 2,45 g. Os órgãos hepatopancreáticos são bilobados e de cor castanha clara. Os dois lóbulos são de igual tamanho, mas o lóbulo esquerdo é maior do que o direito.

Fase 4: os exemplares atingem 28,4 cm de comprimento e 6,9 cm de altura. Pesam 318,8 g (Figura 1D) e têm hepatopâncreas bilobado de cor granada, medindo 5,5 cm. Estes órgãos pesam 3,1 g. Os lóbulos são desiguais, sendo o lóbulo esquerdo ligeiramente maior do que o direito. **Fase 5:** Os indivíduos medem 28,5 cm de altura e 6 cm de altura. Pesam 240 g. Os seus hepatopâncreas têm 5,5 cm de comprimento e pesam 2,9 g. São de cor castanha clara e são constituídos por dois lóbulos assimétricos.

Quadro I.3: Taxonomia da espécie *Pomadasys jubelini* (Ried K., 2004).

CLASSIFICAÇÃO

Reino Unido	Animália
Ramo	Chordata
Classe	Actinopterygii
Encomendar	Perciforme
Família	Haemulidae
Tipo	*Pomadasys*
Espécies	*Jubelini*
Nome científico :	*Pomadasys jubelini*

Nome francês : Grondeur sompat.

Nome em Sousou: Kèssi-kèssi

Figura I.1: Imagem de *Pomadasys jubelini*

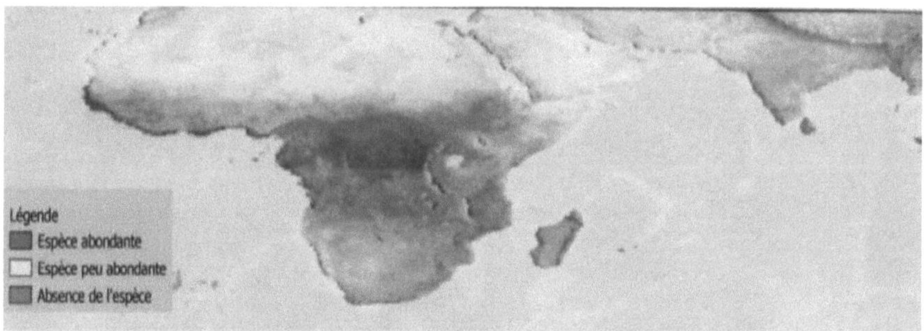

Figura I.2: Distribuição geográfica de *Pomadasys jubelini* em África

IV.   2. *Mugil cephalus*

a) Definição e morfologia

Os peixes do género Mugil são peixes costeiros dos mares tropicais e temperados. O corpo é fusiforme, cilíndrico ou comprimido, sobretudo na parte posterior. A cabeça é larga e achatada, o focinho é curto e obtuso. A boca é pequena e terminal, com ou sem dentes; o olho pode ou não estar coberto por uma forte pálpebra adiposa. As escamas são bastante grandes, mas não existe linha lateral. As barbatanas dorsais estão claramente separadas umas das outras, sendo a primeira constituída por 4 espinhos. As barbatanas peitorais são altas nos flancos; as pélvis estão em posição abdominal e têm um processo escamoso na sua base. A barbatana caudal é bifurcada ou truncada. O corpo do *Mugil cephalus* é robusto, de forma cilíndrica e ligeiramente comprimido lateralmente. A cabeça é larga e deprimida. O lábio superior é fino e liso, sem papilas. Uma pálpebra adiposa espessa cobre quase completamente o olho, deixando apenas uma fenda elíptica vertical sobre a pupila. A segunda barbatana dorsal e a barbatana anal estão cobertas de escamas apenas na sua parte anterior e na sua base. A barbatana anal tem apenas 8 raios moles. O dorso é cinzento azulado, enquanto os flancos e o ventre são prateados com linhas longitudinais geralmente cinzentas e reflexos dourados. A barbatana anal e o lobo inferior da barbatana caudal são amarelados.

b) Habitat e alimentação

As espécies de *Mugil cephalus* formam "tropas" de diferentes tamanhos, que se deslocam em busca de alimento. Os Mugil cephalus deslocam-se frequentemente entre as lagoas e o mar. As migrações devem ser cíclicas e previsíveis, percorrendo mais de 100 km, sendo que as fêmeas migram geralmente para as águas marinhas no mar para dar à luz, mas regressam à água doce para se alimentarem. Os Muges são peixes migradores talassotóicos (catádromos), ou seja, migram para o mar para se reproduzirem (Ried K., 2004).

(Hill K., 2004) define três tipos de migração: uma migração de juvenis do mar para os estuários, uma migração de reprodução e uma migração de adultos para o mar alto após alguns anos. Durante os meses de outono e inverno, as tainhas adultas migram para o mar para desovar em grandes concentrações. Apreciam particularmente as águas salobras com grandes variações de salinidade e são abundantes nas zonas estuarinas e lagunares. Algumas espécies migram para o curso inferior dos rios e estão perfeitamente adaptadas à vida em água doce, mas a reprodução efectua-se sempre no mar.

São limívoros, o que significa que engolem a lama e a filtram através do seu aparelho branquial bem desenvolvido para extrair as partículas orgânicas. Alimentam-se igualmente de algas e de pequenos organismos nos fundos rochosos em torno dos cais e das estruturas portuárias, onde se podem observar cardumes em movimento. A tainha adulta alimenta-se de plantas e de pequenos animais (invertebrados) e aspira os sedimentos do fundo marinho. As tainhas formam frequentemente cardumes que se alimentam de pequenas plantas agarradas às algas. A tainha é predada por grandes peixes, como o lutjan ou a barracuda.

c) Reprodução

Mugil cephalus é uma espécie gonocórica, sem dimorfismo sexual visível. A reprodução ocorre geralmente de julho a outubro; reproduzem-se no mar; o período de reprodução varia com a temperatura da água. A maturidade sexual é atingida nos machos aos três anos de idade, quando atingem um tamanho entre 33 e 38 cm (Collins e Stender 1989) e nas fêmeas aos quatro anos de idade, quando têm entre 40 e 42 cm. As fêmeas podem pôr entre 500.000 e 3.700.000 ovos amarelo-pálido, ligeiramente flutuantes, com um diâmetro entre 0,72 e 0,78 mm. As larvas (2,4 mm) eclodem 48 horas após a fecundação e derivam no plâncton em direção às costas e aos estuários. O padrão reprodutivo geral do Mugil cephalus consiste na migração para o mar entre julho e outubro, com as fêmeas a desovarem entre 0,5 e 2,0 milhões de ovos por fêmea, consoante o tamanho do indivíduo. A desova ocorre em águas profundas entre meados de outubro e o final de janeiro, com o pico de desova a ocorrer em novembro e dezembro. As larvas e os pré-juvenis migram então para os estuários costeiros, onde habitam águas pouco profundas e quentes na zona interior das marés. *O Mugil cephalus* é a mais fecunda das espécies de tainhas. As larvas e os pré-juvenis que migram para o estuário parecem responder a uma combinação de factores bióticos e abióticos; este peixe não parece ser incomodado por águas poluídas, pobres em oxigénio e de baixa salinidade (Bester C., 2004).

Tabela I.4: O comprimento médio (cm) em função do sexo emMugil *cephalus* (Ouali N., 2018).

Idade	Masculino	Feminino
2 anos	21.1	35.5
3 anos	42.5	50.1
4 anos	49.3	58.9
5 anos	54.0	64.5

Quadro I.5: Taxonomia da espécie Mugil *cephalus* (Bester C., 2004).

CLASSIFICAÇÃO

Reino Unido	Animália
Ramo	Chordata
Classe	Actinopterygii
Encomendar	Mugiliformes
Família	Mugilídeos
Tipo	Mugil
Espécies	Céfalo
Nome científico	*Mugil cephalus*

Nome : Francês :Mulet

Nome em Sousou: Sèki

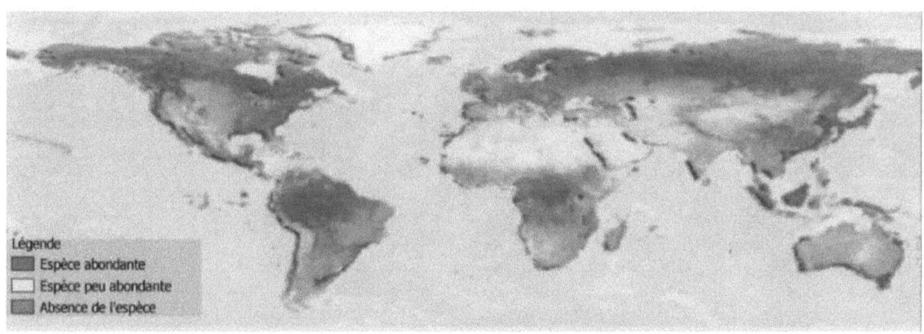

Figura I.4: Distribuição geográfica de *Mugil cephalus* a nível mundial

IV. 3 *Dentex angolensis*

a) Definição e morfologia

Dentex angolensis é uma espécie da família Sparidae, um pelágico bentónico com comportamento demersal. Os Sparidae são perciformes com um corpo geralmente alto e comprimido, muitas vezes com um perfil frontal alto típico. Possuem uma única barbatana dorsal com 10 a 13 espinhos e 10 a 15 raios moles, uma barbatana anal com 3 espinhos e 8 a 12 raios e uma barbatana caudal bifurcada. Mas a caraterística essencial dos Sparidae é a sua diferenciação dentária ou heterodontia. Nesta família, os dentes são especializados em função da alimentação da espécie: os herbívoros, como os sars, os bogue e os saupe, têm incisivos planos e afiados; os predadores, como os pargos, têm caninos em forma de gancho e os comedores de crustáceos e moluscos, como os peixes-espada, têm molares esmagadores; por fim, os pajens, que comem detritos, têm dentes semelhantes aos dos peixes-espada, mas menos potentes. Todos estes diferentes tipos de dentes, bem como a sua disposição, são utilizados na classificação dos géneros. Uma outra caraterística dos Sparidae é o hermafroditismo frequente: os indivíduos podem ser primeiro machos e depois fêmeas, como os sars (protandria) ou, pelo contrário, fêmeas e depois machos, como os peixes-espada.

b) Habitat e alimentação

Dentex angolensis prefere fundos duros e arenosos, desde os 20 metros até aos 250 metros. A distribuição da espécie ao longo da costa não é uniforme e as zonas lodosas estão desprovidas desta espécie. É considerado um omnívoro predominantemente carnívoro, alimentando-se de invertebrados bentónicos e pequenos peixes. Vive em fundos duros e arenosos em águas com uma salinidade superior a 34%. Os tamanhos mínimo e máximo observados são de 4 a 30 cm, respetivamente. Os indivíduos jovens são os mais costeiros: aparecem a meio da estação seca e são abundantes até ao início da estação das chuvas. Depois desaparecem gradualmente.

c) Reprodução

A reprodução de ***Dentex angolensis*** é intermitente a partir do segundo ano. Os indivíduos maduros deslocam-se para mais perto da costa quando põem os ovos. São hermafroditas (a maioria dos indivíduos são inicialmente fêmeas e depois tornam-se machos). Atingem a maturidade aos 2-4 anos (16-35cm) com uma fecundidade de 60200 a 406800 ovócitos (Bauchot ML et Hureau JC.,1990).

Quadro I.6: Taxonomia da espécie Dentex angolensis (Bauchot ML et Hureau JC.,1990).

Figura I.5: Imagem de *Dentex angolensis*

CLASSIFICAÇÃO

Reino Unido	Animal
Ramo	Vertebrados
Classe	Actinopterygii
Encomendar	Perciforme
Família	Sparidae
Tipo	Dentex
Espécies	Angolensis
Nome científico :	*Dentex angolensis*

Nome francês: Denté angolais
Nome em Sousou: Sinapa

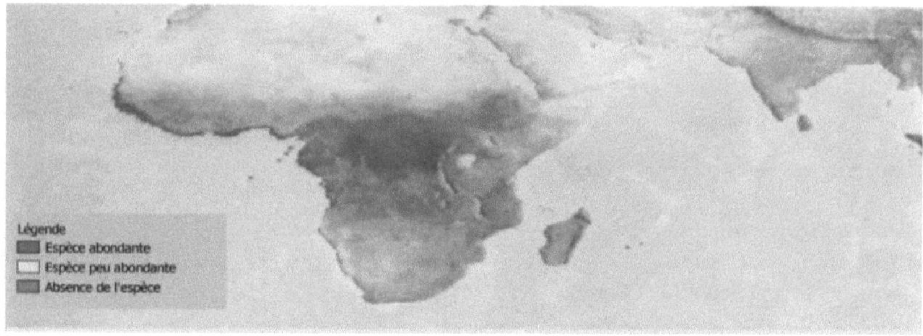

Figura I.6: Distribuição geográfica de *Pomadasys jubelini* em África

CAPÍTULO II: MATERIAIS E MÉTODO

A. Hardware

11.1. Estudo monográfico de Conacri

1.1.1. Localização geográfica e população

[0]A cidade de Conacri, capital da República da Guiné, está situada entre 9 32'53" de latitude norte e 13° 40'14" de longitude oeste. [2]Cobre uma superfície de 450 km e estende-se por cerca de 34 km. Alarga-se para nordeste e sudeste, de 1 a 6 km (Bah A., 2019).

Com uma altitude que pode atingir os 130 metros, a parte ocidental da cidade de Conacri é constituída por uma zona plana e baixa que se prolonga para leste por uma crista com duas vertentes (sul e norte), descrevendo declives uniformes de 4 a 5% em média, quer diretamente para o mar, quer sobre zonas pantanosas planas.

Inclui também o arquipélago das ilhas de Loos (Kassa, Roma e Fotoba). [2]A densidade populacional desta cidade é de 3706 habitantes/km (Bah A.,2019).

É limitado :

- A leste, a prefeitura de Coyah;

- A oeste, o Oceano Atlântico;

- A norte, a prefeitura de Dubréka ;

- A sul, a prefeitura de Forécariah (RGPH, 2014).

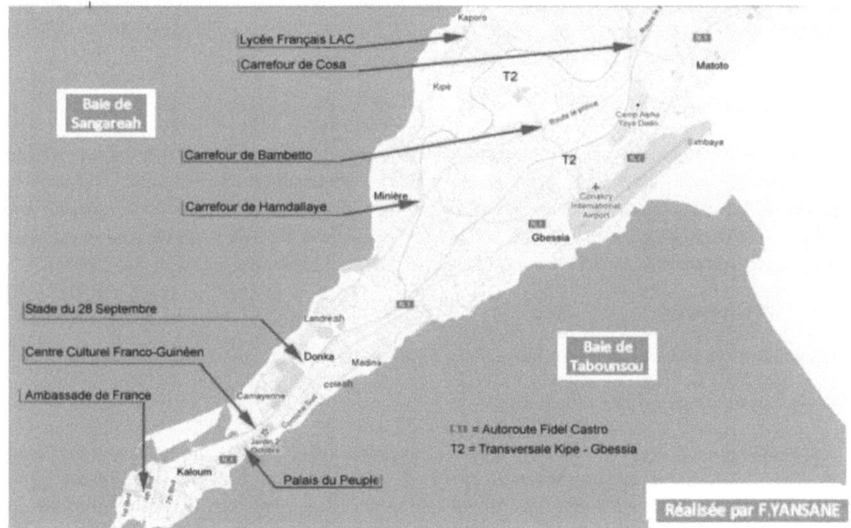

Figura II.1: Mapa da cidade de Conacri

II.1.3. Dados físicos

a) Hidrografia

A hidrografia caracteriza-se pela presença de vários rios que drenam as águas superficiais para o mar. O seu curso é quase retilíneo e perpendicular ao eixo longitudinal da cidade. Estes rios transportam nutrientes e calor para o mar. Para além da precipitação, esta entrada de água doce provoca a dessalinização da foz dos rios. Além disso, as suas descargas podem reduzir a salinidade, o que provocará a migração de certas espécies de peixes, nomeadamente de peixes estenohalinos (Diretion de l'environnement eaux et forêts-Conakry, 2014).

b) Alívio

O relevo da cidade de Conacri é formado por uma planície que acompanha os planaltos. Assume a forma de uma plataforma irregular em alguns pontos, o que lhe confere um aspeto ligeiramente ondulado. A altitude do Monte Kakoulima (1007m) desempenha um papel importante no fenómeno da condensação (Diretion de l'environnement eaux et forêts-Conakry, 2014).

O seu aspeto ondulante favorece a drenagem das águas de escoamento em direção ao mar. Esta drenagem tem efeitos positivos e negativos. As águas de escoamento transportam nutrientes para o mar e favorecem igualmente uma elevada turvação dos estuários, fenómeno que contribui para atrasar o desenvolvimento dos peixes (Governação de Conacri, 2014).

c) Clima

De um modo geral, a cidade de Conacri tem um clima tropical húmido, dito subguineense, caracterizado pela alternância de duas (2) estações distintas de igual duração (seis a seis meses) uma estação seca, de dezembro a maio, caracterizada por um aumento da temperatura superficial da água do mar devido à insolação, e uma estação chuvosa, de junho a novembro, em que se registam fortes precipitações que drenam os resíduos domésticos para o mar, provocando assim uma poluição que constitui uma verdadeira ameaça para os organismos aquáticos em geral e para os recursos haliêuticos em particular (Diretion Nationale de la station météorologique Conakry, 2014).

- **Temperatura**

As temperaturas registadas são relativamente elevadas, com pequenas diferenças (entre o dia e a noite) que variam de uma estação para outra, e esta subida de temperatura teria um impacto no oxigénio dissolvido, pelo que o seu aumento poderia ter efeitos negativos na fauna e na flora aquáticas. Este aumento da temperatura pode levar a uma redução do oxigénio dissolvido, o que afectará sobretudo os peixes, que ficarão asfixiados (Diretion Nationale de la Station Météorologique-Conakry, 2014).

- **Precipitação**

A precipitação é elevada, variando entre 2.900 e 5.700 mm por ano. A média é de 4300 mm por ano.

As chuvas duram entre 100 e 115 dias.

A precipitação é o principal motor do fenómeno de dessalinização (durante a precipitação) e da elevada turvação observada nos estuários durante a estação das chuvas, que pode ser um fator limitante para a vida de certos organismos marinhos que não toleram baixas salinidades e favorece a de organismos que preferem baixas salinidades, em particular as larvas e juvenis de muitos organismos: peixes, crustáceos, algas, etc. (Diretion Nationale de la Station Météorologique-Conakry, 2014).

- **Ventos**

Existem dois tipos de vento em Conacri:

-A monção: é um vento fresco e húmido que sopra com toda a força contra as escarpas de Fouta-Djalon viradas para o mar, provocando fortes chuvas no sopé do monte Kakoulima (1107 m). O vento sopra do oceano em direção ao continente, de sudoeste para nordeste. Estas chuvas intensas drenam para o mar os resíduos domésticos e agrícolas contendo diversas substâncias químicas, provocando uma poluição que afecta a vida das espécies aquáticas e o seu habitat.

-Harmattan: é um vento quente e seco que quase nunca chega à costa, pois é bloqueado pelas cadeias montanhosas de Fouta-Djalon e transportado para o alto por ventos húmidos. Sopra do continente em direção ao oceano, de nordeste para sudoeste (Diretion Nationale de la Station Météorologique-Conakry, 2014).

No mar, o vento pode ser simultaneamente necessário e desastroso para os pescadores. Cria ondas que podem derrubar pequenas embarcações, mas é também um meio de propulsão para os barcos à vela. É o principal motor das correntes de deriva (correntes de superfície), que provocam a dispersão de poluentes no meio marinho, nomeadamente de hidrocarbonetos, que impedem a penetração da luz no meio, afectando as plantas aquáticas e os recursos haliêuticos.

II.1.2. Actividades socioeconómicas

- **Agricultura**

De um modo geral, as actividades agrícolas são dificultadas pela falta de terrenos agrícolas devido à urbanização. Os adubos e pesticidas utilizados são arrastados para o mar, o que pode provocar a eutrofização destes meios, e a deposição do excesso de matéria vegetal no fundo do meio aquático leva ao crescimento de bactérias, que consomem o oxigénio dissolvido e provocam um défice de oxigénio no meio, levando à morte de organismos aeróbicos como os peixes (Governatoria de Conakry, 2014).

- **Reprodução**

A criação de gado é uma atividade económica pouco importante na zona urbana. O tipo de criação mais difundido é a avicultura, que é essencialmente familiar. Destina-se exclusivamente ao auto-consumo. No entanto, com a eliminação dos obstáculos à iniciativa liberal, os operadores estão a promover explorações avícolas de pequena dimensão nas zonas periurbanas de Ratoma e Matoto. A promoção desta atividade em grande escala enfrenta uma pressão demográfica. Outros tipos de criação, como os pequenos ruminantes (ovinos e caprinos) e os suínos em pequena escala, são frequentemente praticados perto de meios aquáticos (nomeadamente perto de estuários) e a maior parte das suas matérias fecais é descarregada nesses meios ou drenada por lixiviação do solo durante a estação das chuvas (Section Communale de l'Elevage et Administration 2014).

- **Pesca**

Devido à sua proximidade com o Oceano Atlântico, Conacri dispõe de um grande número de portos de desembarque: Port de Faban, Boulbinet, Kaporo, Landréya, Temenètaye, Bonfi, Dixinn Port III; e possui um porto autónomo onde são descarregados produtos industriais da pesca e outras mercadorias. A pesca é considerada uma das principais actividades da população local. É uma atividade artesanal, semi-industrial e industrial. Está a conhecer uma pequena expansão com a criação de pequenas unidades de pesca: SAFRI-PECHE, Adams Pêche, Nimba Pêche, Nicolas pêche, etc. A pesca demersal tradicional ao largo utiliza equipamentos modernos com embarcações motorizadas de 12-14m e motores de 15-40hp. Os pesqueiros são remotos, mas sempre à vista da costa, e a maioria dos armadores são guineenses, com alguns estrangeiros. A indústria pesqueira atual, com o seu desenvolvimento contínuo e a diversificação das artes e embarcações utilizadas, está a causar enormes danos ao ambiente marinho e aos recursos que nele vivem. Os plásticos e outros resíduos lançados ao mar pela maioria dos pescadores causam também enormes danos aos recursos haliêuticos, nomeadamente poluição. No estuário de Tabounsou, registou-se um declínio crescente das capturas de peixes, com predominância dos juvenis, sendo raros os machos adultos e as fêmeas em fase reprodutiva, devido à utilização de métodos de pesca e redes proibidas e à descarga regular de resíduos domésticos e industriais ao longo da costa (Konaté, S. et *al.*, 2007).

- **Transportes marítimos e portos**

O transporte marítimo está muito desenvolvido na Guiné. No entanto, a exploração dos navios e as actividades marítimas em geral causam poluição. Para além dos derrames dos petroleiros, outros derrames poluentes podem ser causados pela navegação: óleos e lubrificantes usados dos navios, derrames de resíduos produzidos a bordo, descargas de carga deteriorada, etc., para não falar dos derrames resultantes de acidentes de navegação.

Existem dois portos de grande capacidade na costa: o Porto Autónomo de Conacri, que movimenta todo o tipo de navios (porta-contentores, navios de transporte de minério, petroleiros, etc.), e o Porto Industrial de Kamsar, que apenas movimenta navios de transporte de minério (bauxite).

No que se refere aos hidrocarbonetos, os casos de poluição são evidentes na zona portuária de Conacri e a norte de Conacri. Em Conacri, foram identificados mais de 20 grandes depósitos de resíduos e de esgotos, que representam uma ameaça real tanto para os recursos haliêuticos como para a saúde da população (Plan National d'Action pour l'Environnement, 1994).

- **Pavimentos**

Bastante permeável, com lençol freático, o solo de Conacri é variado e intimamente ligado à estrutura geográfica; é constituído por solos lateríticos, na sua maioria ferralíticos.

Paralelamente a estes tipos de solos, existem os solos aluviais, formados por areias resultantes da erosão superficial das regiões adjacentes, que são solos ricos, mas que podem tornar-se lateríticos devido à desflorestação e exploração descontroladas.

A lixiviação destes solos não argilosos por chuvas fortes pode ser uma fonte de poluição em zonas costeiras e estuarinas, uma vez que provoca uma forte turbidez que pode afetar a vida dos organismos aquáticos que vivem na coluna de água. Nos peixes, as partículas em suspensão podem cobrir as guelras e impedir as trocas gasosas com o ambiente exterior.

Nos filtradores, certas partículas que podem ser tóxicas para o organismo podem ser absorvidas durante o processo de absorção (Diretion de l'environnement eaux et forêts Conakry, 2014).

- **Artesanato**

O artesanato é um campo tradicional que traz benefícios para a economia do país, infelizmente na cidade de Conacri esta atividade artística é bastante interessante devido ao facto de economicamente este sector trazer menos para a população da cidade apesar de encarnar a cultura do país, este sector contém os seguintes ofícios: sapataria, tinturaria, ferraria, escultura e pesca artesanal, todos eles produzem resíduos que são despejados direta ou indiretamente no mar, causando danos ao ecossistema aquático e aos seus recursos pesqueiros (Centre culturel Franco-Guinéen, 2010).

- **Indústria**

A cidade de Conacri possui um grande número de indústrias funcionais no país. A maioria destas indústrias é do tipo agroalimentar, com exceção de algumas que fabricam materiais de construção. Algumas destas indústrias estão em processo de abrandamento devido à falta de investimento ou de subsídios. Entre as que se encontram em atividade estão o Bonagui, o Métal Guinée, o Sobragui, o Topázio e o cimento da Guiné.

A maioria das indústrias está localizada junto ao mar. Os resíduos industriais são sempre escoados para o mar, o que pode prejudicar os recursos haliêuticos, nomeadamente as larvas, que são frágeis nesta fase do seu desenvolvimento. Este tipo de poluição representa um risco para a saúde dos consumidores e provoca alterações significativas na qualidade da água (parâmetros físicos e químicos), o que acaba por afetar a ictiofauna marinha (Governação de Conacri, 2014).

- **Turismo**

Conacri tem muito para oferecer em termos de turismo. Existem locais turísticos como a ilha de Kassa, Soro e a ilha de Los, mas este potencial é prejudicado pela falta de promoção, pela má gestão e pela degradação destas qualidades naturais pelos resíduos domésticos e pelas actividades humanas que contaminam os banhistas. Os hotéis são um dos principais produtores de resíduos domésticos, que são descarregados no mar e contribuem para a poluição do ambiente marinho costeiro (Diretion Nationale du tourisme et hôtellerie Conakry, 2014).

II.2. Descrição da baía de Tabounsou

II.2.1. Geografia e população

O estuário de Tabounsou situa-se a sudeste de Conacri, no distrito urbano de Matoto. É limitado a norte pelo distrito urbano de Coyah, a noroeste por Conacri, a sul pelo Oceano Atlântico e a sudeste pela bacia do rio Soumbouya. A zona de investigação situa-se entre 9° 24' - 9° 40' N e 13° 35' - 13° 45' W a sul da cidade de Conacri.

É abastecida de água doce pelos rios Tabounsou (rio principal), Tombolia, Kountia e Trente Six (km36), à esquerda, e Sarinka, à direita. As águas das ribeiras de Toguiron, Kitéma e Soumbouya, situadas à direita em direção a leste, só alimentam a baía durante a estação das chuvas (Diretion Nationale de la Station Météorologique-Conakry, 2014).

A baía de Tabounsou é constituída pelas populações ribeirinhas dos bairros urbanos de Matoto e Coyah, maioritariamente Sousous. Estas duas comunas têm uma população estimada em 1003676 habitantes (Recenseamento geral da população e da habitação, 2014).

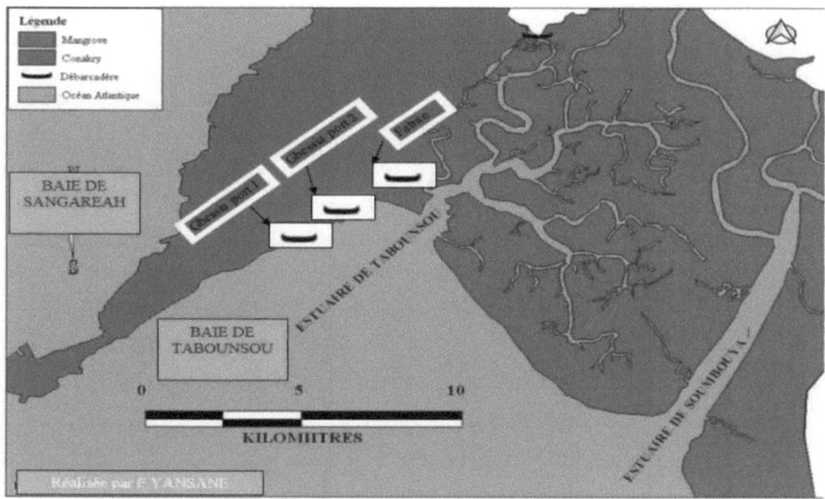

Figura II.2: Mapa da baía de Tabounsou

II.2.2. Actividades socioeconómicas

As principais actividades desenvolvidas na baía de Tabounsou pelas comunidades de Matoto e Coyah são essencialmente as mesmas que as da cidade de Conacri.

Quadro II.1: Equipamento utilizado

Hardware	Quantidade
Matérias animais (Peixes)	**60 pessoas**
Equipamento de campo	
Barco	1
GPS (Garmin)	1
Coletes salva-vidas	1
Formulário de inquérito	**42**
Riban	1
Bloco	1
Refrigerador	2
Chave de identificação	2
Equipamento de laboratório	
Água destilada (litro)	1
Placas de Petri	**61**
Ictiómetro	1
Pipetas graduadas	2
Luvas (pacote)	1
Balanças de precisão	1
Medidor de pH (Hanna)	1
Medidor de condutividade	1
Estômago/moedor	1
Tesoura	1
Faca	1
Turbidímetro	1
Espectrofotometria de uvilina	1
Álcool 70% (ml)	**500**
Reagentes	
Reagente de zinco 1 1RZ011	Reagente de zinco 1 1RZ011
Reagente de cobre 1 1RC060	Reagente de cobre 1 1RC060
Reagente para comprimidos de chumbo 1 1RN011	Reagente para comprimidos de chumbo 1 1RN011
Reagente de ensaio para cádmio 1 1RN011	Reagente de ensaio para cádmio 1 1RN011

B. MÉTODO

O objetivo deste estudo foi avaliar o nível de contaminação de algumas espécies de peixes por elementos metálicos vestigiais (TME) na baía de Tabounsou, com vista a propor medidas de atenuação destes elementos.

Para atingir os nossos objectivos, adoptámos a seguinte abordagem metodológica:

1. Consulta de quadros e análise de arquivos ;

2. Inquérito no local ;

3. Amostragem ;

4. Determinação dos parâmetros físico-químicos da água ;

5. Determinação dos teores de metais na carne de espécies de peixes e na água ;

6. Medidas de atenuação propostas.

1. Consulta de quadros e análise de arquivos

Foram efectuadas consultas, através de entrevistas individuais e em grupo, aos responsáveis do Centre de Recherche Scientifique Conakry Rogbanè (CERESCOR) e do Centre National des Sciences Halieutiques de Boussoura (CNSHB), com o objetivo de chamar a atenção para os perigos dos metais vestigiais para os peixes e a fauna.

2. Inquérito de campo

No terreno, as partes interessadas (autoridades portuárias, pescadores e residentes locais) nos locais foram entrevistadas individualmente e foram feitas observações diretas para recolher informações sobre os problemas ambientais, utilizando formulários de inquérito.

3. Amostragem

A amostragem foi direcionada e centrada em três elementos (estação de amostragem de água, material biológico e metais a analisar). Durante esta fase, as amostras de água e de peixe foram embaladas e transportadas para o laboratório do Office Nationale de Contrôle de Qualité (ONCQ) para análise.

Estações de amostragem

Dividimos a nossa área de investigação em três locais de amostragem, tendo em conta o nível de exploração dos meios: um local onde a atividade humana é muito intensa (**Faban**), um segundo local menos explorado (**Gbessia porto 2**) e um terceiro local onde a atividade humana é intensa (**Gbessia porto 1**). Antes da recolha de amostras, as garrafas de plástico novas foram lavadas duas vezes com água do local a amostrar. Recolhemos duas amostras de 0,5 litros de água por local, a profundidades superiores a 15 cm, em contracorrente com a água de superfície, em janeiro, das 9h00 às 12h00.

Material biológico

As espécies ***Pomadasys jubelini, Mugil cephalus e Dentex angolensis*** foram escolhidas para o nosso estudo devido ao seu valor nutricional, ao seu estatuto de alimento altamente comestível para muitas populações ribeirinhas, à sua abundância (captura) na área de estudo e aos nossos recursos financeiros.

Neste trabalho, concentrámo-nos na carne destas espécies (a parte que é geralmente consumida pelos seres humanos).

^ Metais a analisar

O nosso estudo centrou-se em quatro elementos metálicos: Zinco, Cobre, Chumbo e Cádmio. Esta escolha foi motivada não só pela disponibilidade dos reagentes no laboratório, mas também pela sua grande persistência no ambiente, pela sua capacidade de se acumularem nos tecidos dos organismos vivos e de se propagarem ao longo da cadeia trófica, bem como pela sua potencial toxicidade para os ecossistemas e para a saúde humana, que é uma preocupação global, e pelos nossos recursos financeiros.

4. Determinação dos parâmetros físico-químicos da água

Para as análises ambientais, os parâmetros gerais seis parâmetros (temperatura, potencial hidrogenión (pH), condutividade, salinidade, turbidez e oxigénio dissolvido) foram determinados no Laboratório Físico-Químico do Gabinete Nacional de Controlo e Qualidade e depois comparamos estes resultados com os da norma admitida pela CE/2001 e outros autores.

A fim de evitar resultados erróneos, lavámos as sondas com água destilada ou água do local após cada medição e para cada amostra de todos os parâmetros físico-químicos medidos.

- **Para determinar a temperatura**

Para determinar a temperatura, utilizámos um aparelho chamado medidor de pH ligado a uma sonda chamada medidor de condutividade. Pegámos em 100 ml de água da amostra e colocámo-la num Erlenmeyer de 100 ml, depois introduzimos a sonda de condutividade na amostra a analisar e esperámos pelo resultado da temperatura da água no ecrã.

- **Para determinar o pH (potencial de hidrogénio)**

[H]Para determinar o pH, começa-se por enxaguar a placa de Petri e os eléctrodos do p -meter, repetindo-se esta operação várias vezes com água destilada e uma quantidade da amostra de água a analisar. [HH]Deitou-se a amostra a analisar (100 ml) na placa de Petri, mergulhou-se o elétrodo do p-meter (p-meter Hanna) na amostra e esperou-se que o valor estabilizasse para ler o valor no ecrã.

O resultado visualizado é registado em cartões previamente preparados e, no final da operação, os eléctrodos são lavados duas ou três vezes com água destilada para evitar a degradação.

- **Para determinação da turvação**

Utilizámos um turbidímetro para medir a turvação da água. Tomámos 5 ml de água e colocámo-la num frasco de 5 ml, introduzimos o frasco na máquina, ligámos o aparelho e esperámos um minuto para ver o resultado. O resultado assim obtido foi registado numa folha pré-estabelecida. As 3 amostras foram analisadas da mesma forma, até à última amostra.

- **Para determinar a condutividade**

Utilizando um aparelho chamado condutivímetro com uma sonda, determinámos a condutividade eléctrica da água. Colocámos 100 ml de água numa placa de Petri de 100 ml, mergulhámos o elétrodo do medidor de condutividade na amostra, ligámos o aparelho e esperámos um minuto para ver o resultado. O resultado assim obtido foi registado num cartão de notas.

- **Para determinar a salinidade**

Para determinar a salinidade, procedeu-se em primeiro lugar à determinação da condutividade eléctrica da água, utilizando os mesmos procedimentos que para a determinação do pH, mas desta vez com o medidor de condutividade. Em seguida, determinou-se a condutividade padrão da água do mar. Para o efeito, foi preparada uma solução de água salgada a 35%, o que permitiu calcular a relação **R** entre a condutividade da amostra e a da solução padrão através da fórmula **R**= ^| (Emmanuel P. D., 2003);

Sendo **CE**= Condutividade da amostra e **CS**= Condutividade da solução padrão e R a relação **CE/CS**. [35]A relação **S‰= - 0,08996 + 28,29720R + 12,80832R2 - 10,67869R + 5,98624R4 - 1,32311R** , foi utilizada para determinar a salinidade.

- **Para determinar o oxigénio dissolvido**

Juntamente com os valores de pH, as concentrações de oxigénio dissolvido são um dos parâmetros de qualidade da água mais importantes para a vida aquática.

O oxigénio dissolvido continua a ser um parâmetro fundamental para a distribuição dos organismos aquáticos. A sua variação depende das trocas com a superfície, e portanto com o vento, mas também da intensidade da atividade fotossintética.

Foi determinado automaticamente com um fotómetro.

5. Avaliação dos níveis de metais na água e no músculo de espécies de peixes.

As amostras foram analisadas por espetrofotometria de Uvilina no Laboratório Físico-Químico do Office National de Contrôle et de Qualité, tendo os resultados sido comparados com os da norma aceite pela CE/2001 e FAO/WHO (1989) e outros autores. Seguiu-se a seguinte metodologia

^ **Para amostras de água**

- **Determinação do teor de zinco (Zn)**

Reagentes necessários

Reagente de zinco 1 1RZ011

Reagente de zinco 2 1RZ012

Tempo de preparação: ~ 2 min

Preparação da amostra

Esta parte consiste em tomar 10 ml da água a analisar e introduzi-la no Erlenmeyer, adicionar 5 gotas de reagente de zinco 1, homogeneizar e esperar 1 minuto.

Em seguida, adicionámos mais 10 gotas de reagente de zinco 2, homogeneizámos e enchemos o recipiente de medição.

Medição de brancos e amostras

Esta parte é efectuada no aparelho (espetrofotometria Uviline).

No modo Concentração, selecionámos a análise **461 Zn: 0,05 - 4,00 mg/L**

Em seguida, enchemos um depósito com a água a analisar sem reagente (depósito branco) e colocámo-lo no instrumento, premindo o botão "zero".

Em seguida, retirámos a cuvete, colocámos nela a cuvete de amostra a analisar e premimos "Start" para efetuar a medição.

O resultado é registado diretamente num formulário pré-estabelecido.

- **Determinação do teor de cobre (Cu)**

Reagentes necessários

Reagente de cobre 1 1RC060

Reagente de cobre 2 1RC070

Tempo de preparação: ~ 3,5 min

Preparação da amostra

Esta parte consiste em tomar 10 ml da água a analisar e introduzi-la no Erlenmeyer, adicionar 5 gotas de reagente de cobre 1 e homogeneizar.

Em seguida, adicionámos mais 10 gotas de reagente de zinco 2, homogeneizámos e enchemos o recipiente de medição, aguardando 3 minutos.

Medição de brancos e amostras

No modo de concentração, selecionámos a análise **150 Cu: 0,05 - 5,00 mg/L**

Em seguida, enchemos um depósito com a água a analisar sem reagente (depósito branco) e colocámo-lo no instrumento, premindo o botão "zero".

Em seguida, retirámos a cuvete, colocámos nela a cuvete de amostra a analisar e premimos "Start" para efetuar a medição.

O resultado é registado diretamente num formulário pré-estabelecido.

- **Determinação do teor de chumbo (Pb)**

Reagentes necessários

Reagente para comprimidos de chumbo 1 1RN011

Reagente para comprimidos de chumbo 2 1RN012

Tempo de preparação: ~ 4 min

Preparação da amostra

Nesta secção, tomámos 10 ml da água a analisar e colocámo-la no Erlenmeyer, depois adicionámos 1 colher de medida rasa do Reagente para Pílulas de Chumbo 1 e misturámos bem.

Em seguida, adicionámos 10 gotas do reagente Lead Pill 2, homogeneizámos, enchemos o recipiente de medição e aguardámos 3 minutos.

Medição de brancos e amostras

No modo de concentração, selecionámos a análise **411 Pb: 0,1- 0,10 mg/L**

Em seguida, enchemos um depósito com a água a analisar sem reagente (depósito branco) e colocámo-lo no instrumento, premindo o botão "zero".

Em seguida, retirámos a cuvete, colocámos nela a cuvete de amostra a analisar e premimos "Start" para efetuar a medição.

O resultado é registado diretamente num formulário pré-estabelecido.

- **Determinação do teor de cádmio (Cd)**

Reagentes necessários

Reagente de ensaio para cádmio 1 1RN011

Reagente de ensaio para cádmio 2 1RN012

Tempo de preparação: ~ 6 min

Preparação da amostra

Nesta secção, tomámos 10 ml da água a analisar e colocámo-la no Erlenmeyer, depois adicionámos 7 gotas do Reagente de Ensaio de Cádmio 1 e misturámos bem.

Em seguida, adicionámos 7 gotas do reagente de teste Cadmium 2, homogeneizámos, enchemos o recipiente de medição e esperámos 3 minutos.

Medição de brancos e amostras

No modo de concentração, selecionámos a análise **118 Cd: 0,001- 0,10 mg/L**

Em seguida, enchemos um depósito com a água a analisar sem reagente (depósito branco) e colocámo-lo no instrumento, premindo o botão "zero".

Em seguida, retirámos a cuvete, colocámos nela a cuvete de amostra a analisar e premimos "Start" para efetuar a medição.

O resultado é registado diretamente num formulário pré-estabelecido.

Para a carne dos venenos (os mesmos reagentes para a água)

- **Determinação do teor de zinco (Zn)**

Tempo de preparação: ~ 6 min

Preparação da amostra

Colocámos 10g de carne de peixe em 90ml de água destilada (dissecação e pesagem) e depois triturámo-la no Stomacher durante 3 minutos;

Em seguida, tomámos 10 ml do agente de trituração e introduzimo-lo no frasco Erlenmeyer (placa de Petri);

Em seguida, adicionámos os reagentes necessários e homogeneizámos (agitando);

E esperar alguns minutos (cerca de minutos) para descansar.

Medição de brancos e amostras

Esta parte é efectuada no aparelho (espetrofotometria Uviline).

No modo Concentração, selecionámos a análise **462 Zn: 10 - 105 mg/L**

Em seguida, enchemos uma cuvete com água a analisar sem reagente (cuvete de branco) e colocámo-la no aparelho, premindo o botão "zero".

Em seguida, retirámos a cuvete, colocámos nela a cuvete de amostra a analisar e premimos "Start" para efetuar a medição. O resultado obtido é registado diretamente num formulário pré-definido.

- **Determinação do teor de cobre (Cu)**

Tempo de preparação: ~ 9 min

Preparação da amostra

Também retirámos 10g da carne do peixe em 90ml de água destilada (dissecação e pesagem) e depois triturámo-la no Stomacher durante 3 minutos;

Em seguida, tomámos 10 ml do agente de trituração e introduzimo-lo no frasco Erlenmeyer (placa de Petri);

Em seguida, adicionámos os reagentes necessários e homogeneizámos (agitando);

E esperar alguns minutos (cerca de 5 minutos) para descansar.

Medição de brancos e amostras

No modo de concentração, selecionámos a análise **150 Cu: 10 - 110 mg/L**

Em seguida, enchemos uma cuvete com água a analisar sem reagente (cuvete de branco) e colocámo-la no aparelho, premindo o botão "zero".

Em seguida, retirámos a cuvete, colocámos nela a cuvete de amostra a analisar e premimos "Start" para efetuar a medição. O resultado obtido é registado diretamente num formulário pré-definido.

- **Determinar o conteúdo dos contactos**

Tempo de preparação: ~ 11min

Preparação da amostra

Também pegámos em 10g de carne de peixe em 90ml de água destilada (dissecação e pesagem) e depois triturámo-la no Stomacher durante 3 minutos;

Em seguida, tomámos 10 ml do agente de trituração e introduzimo-lo no frasco Erlenmeyer (placa de Petri);

Em seguida, adicionámos os reagentes necessários e homogeneizámos (agitando);

E esperar alguns minutos (cerca de 7 minutos) para descansar.

Medição de brancos e amostras

Esta parte é efectuada no aparelho (espetrofotometria Uviline).

No modo de concentração, selecionámos a análise **412 Pb: 0,1- 0,10 mg/L**

Em seguida, enchemos um depósito com a água a analisar sem reagente (depósito branco) e colocámo-lo no instrumento, premindo o botão "zero".

Em seguida, retirámos a cuvete, colocámos nela a cuvete de amostra a analisar e premimos "Start" para efetuar a medição. O resultado obtido é registado diretamente num formulário pré-estabelecido.

- Determinação do teor de cádmio

Tempo de preparação: ~ 15min

Preparação da amostra

Tomámos 10g de carne de peixe como os outros em 90ml de água destilada (dissecação e pesagem) e depois triturámo-los no Stomacher durante 3 minutos;

Em seguida, tomámos 10 ml do agente de trituração e introduzimo-lo no frasco Erlenmeyer (placa de Petri);

Em seguida, adicionámos os reagentes necessários e homogeneizámos (agitando);

E esperar alguns minutos (cerca de 10 minutos) para descansar.

Medição de brancos e amostras

Esta parte é efectuada no aparelho (espetrofotometria Uviline).

No modo de concentração, selecionámos a análise **118 Cd: 0,001- 0,10 mg/L**

Em seguida, enchemos uma cuvete com água a analisar sem reagente (cuvete de branco) e colocámo-la no aparelho, premindo o botão "zero".

Em seguida, retirámos a cuvete, colocámos nela a cuvete de amostra a analisar e premimos "Start" para efetuar a medição. O resultado obtido é registado diretamente num formulário pré-definido.

6. Medidas de atenuação propostas

Nesta secção, foram tomadas medidas adequadas para atenuar o impacto das descargas de águas residuais industriais, efluentes industriais, efluentes mineiros, descargas agroquímicas, etc.

CAPÍTULO III: RESULTADOS E DISCUSSÃO

1. Consulta de quadros e análise de arquivos

As nossas discussões com os quadros do CERESCOR e do CNSHB mostraram-nos que o problema da degradação da zona costeira guineense é uma realidade. Estas consultas permitiram-nos constatar que mais de 25% da população da costa sul de Conacri se dedica à agricultura e que os principais produtos utilizados têm um impacto sobre os animais aquáticos.

A análise dos arquivos revelou um aumento não só da população mas também da quantidade de resíduos insalubres produzidos em Conacri nos últimos anos. As campanhas de avaliação efectuadas pelo Institut National de la Statistique **(INS)** revelam um aumento da população e dos resíduos produzidos desde 2000.

As figuras seguintes resumem os resultados dos arquivos

Figura III.1: Tendências da população e dos resíduos em Conacri

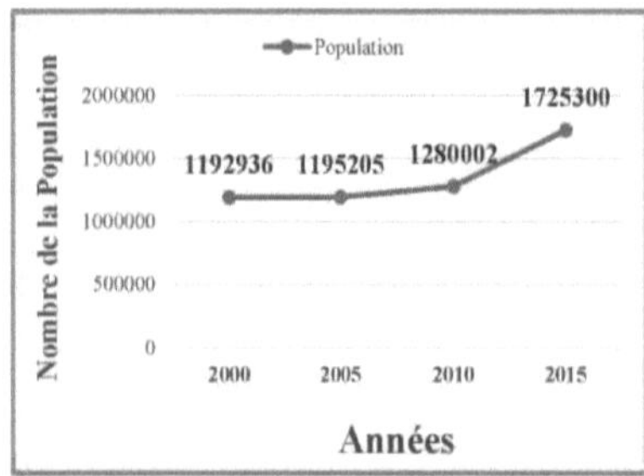

Figura III.1: Crescimento da população em Conacri de 2000 a 2015

Figura III.2: Produção de resíduos por população de 2000 a 2015

Fonte: Instituto Nacional de Estatística **(INS)**

A partir destes gráficos, podemos ver que o número de pessoas que vivem em Conacri aumentou entre 2000 e 2015, assim como a quantidade de insalubridade.

Além disso, o aumento da insalubridade pode estar ligado à urbanização intensiva da cidade de Conacri; podemos deduzir que, à medida que a população aumenta, aumenta também a acumulação de resíduos. A transferência destes resíduos deve-se essencialmente à lixiviação dos solos e das águas de escoamento, que escoam grandes quantidades de produtos e resíduos para as zonas aquáticas, com consequências drásticas para as espécies, devido a uma vontade excessiva das populações de se deslocarem para a orla marítima para arejamento em quantidade e qualidade, ao êxodo rural ou à emigração, à migração e à elevada taxa de natalidade.

2. Inquérito de campo

Na área de investigação, foram identificados (5) portos, cujos resultados são apresentados no quadro seguinte

Quadro III.1: Lista dos portos inquiridos e das suas principais actividades

Nº	Sítios	Número de pessoas inquirido	Atividade principal	Espécies desembarcadas (nomes em Sousou)
1	Faban	12	Pesca, Carpintaria, Agricultura e Fumeiro de Peixe.	Kèssi-kèssi, Fagba, Sori, Sinapa
2	Porto de Kinssy	8	Corte e venda de madeira de mangue, pesca, agricultura e salicultura.	Bobo, Kouta, Sinapa
3	Aterragem Yimbaya Curtume	5	Pescar, fumar peixe e cortar madeira de mangue.	Fouta, Konkoé, Bobo
4	Gbessia porto 1	10	Pesca, apanha de ostras, agricultura; carpintaria e fumeiro.	Kèssi-kèssi, Fagba, Sori, Sinapa
5	Gbessia porto 2	7	Pesca e agricultura.	Marisco

A partir deste quadro, podemos constatar que várias actividades são exercidas nas diferentes localidades da baía de Tabounsou: das 42 pessoas inquiridas, 19 são pescadores; 11 são residentes locais (agricultores); 5 são carpinteiros e 7 são lenhadores. Estas actividades, que são as principais exercidas na baía pelas comunidades locais, nomeadamente a agricultura e a carpintaria, causam muitos danos ao meio marinho, nomeadamente a degradação do litoral na sequência da utilização de biocidas e a produção de resíduos pelos carpinteiros (serradura e tábuas).

Estes resíduos serão transportados diretamente para as águas onde vivem as espécies, em resultado da erosão, que continuará a poluir o ambiente e a provocar alterações na estrutura e no funcionamento do ecossistema.

Estes resultados estão de acordo com os encontrados por (Konaté, S et al., 2007), que indicam que, de todas as actividades humanas desenvolvidas na baía de Tabounsou, a agricultura, em particular a cultura do arroz, é a que tem maior impacto na baía e nos seus recursos. A limpeza dos mangais, que não conduz a uma rizicultura sustentável e produtiva, constitui um verdadeiro desperdício de terras e de recursos.

Quadro III.2: Lista e análise dos principais problemas da baía de Tabounsou

Elementos afectados	Problemas graves	Causas			Impacto ambiental	Consequências socioeconómicas
		Origem	Subjacente	Imediato		
Peixes e pescas	Diminuição das unidades populacionais de peixes	Acordos de pesca e pesca ilegal.	Falta de gestão das pescas	Sobrepesca	Perda de biodiversidade	Diminuição dos rendimentos e insegurança alimentar
Habitats costeiros	Alteração física e destruição do habitat costeiro (agricultura)	Pressões antropogénicas e factores naturais (utilização de biocidas)	Desflorestação dos mangais e das margens dos rios	Erosão e sedimentação	Modificação do biótopo	Migração, diminuição dos rendimentos, desemprego
Poluição e saúde dos ecossistemas	Deterioração da qualidade da água	Poluição proveniente de actividades terrestres e do transporte marítimo	Recursos de controlo ambiental insuficientes	Resíduos domésticos e efluentes industriais.	Alteração da biodiversidade Diminuição da produtividade biológica.	Perdas económicas; problemas de saúde humana.

Os resultados deste quadro mostram que o litoral sul de Conacri está gravemente ameaçado, principalmente devido a práticas humanas deficientes. Assim, os diferentes recursos estão a ser gravemente perturbados ou mesmo destruídos, nomeadamente pela poluição causada pelos resíduos lançados ao mar. Esta situação provocará flutuações nos parâmetros abióticos do habitat das espécies, uma diminuição dos recursos haliêuticos e uma deterioração da qualidade da água, o que terá um efeito perigoso na saúde e no bem-estar da população da zona, que consome os produtos destas águas.

Estas ideias estão em consonância com as de (Larno V., 2001), que conclui que a maior parte das perturbações do meio marinho provêm frequentemente de actividades humanas, como a agricultura (adubos, pesticidas e agroquímicos), a indústria (oligoelementos e compostos orgânicos), o desenvolvimento urbano (agentes patogénicos, substâncias orgânicas, oligoelementos nas águas residuais), o turismo (lixo, plásticos na costa) e a navegação (derrames de petróleo).

Quadro III.3: Lista dos peixes desembarcados na baía de Tabounsou de 2020 a 2021

N°	Família	Nomes científicos	Nomes franceses (FAO)	Nomes locais (Sousou)
1	Albulídeos	*Albula vulpes*	Banana do mar	Khomoukhomou
2	Ariídeos	*Arius latiscutatus*	Machoiron da Gâmbia	Konkoé
		Arius parkii	Machoiron	Konkoé
		Arius latiscutatus	Machoiron	Konkoé
3	Haemulidae	*Plectorhyncus macrolepis*	Diagrama de lábios grandes	Kinsidinyi
		Pomadasys jubelini	Sompat bola ao solo	Kèssi-kèssi
		Pomadasys peroteti		Kèssi-kèssi
4	Carangídeos	*Caranx hippos*	Peixe-rei grande	Kawrè
		Caranx crysos	Caranguejo comum	Kawrè
		Caranx senegallus	Senegal Caranx	Kawrè
5	Ephippidae	*Chaetodupterus gorensis*	Cabra-marinha	Debelenyiforè
6	Claroteídeos	*Chrysichthys nigrodigitatus*	Bagridcatfish	Khokhounyi
7	Cynoglossidae	*Cynoglosus monodi*	Língua única	Fagba
8	Sparidae	*Dentex angolensis*	Dente angolano	Sinapa
9	Drepanídeos	*Drepane africana*	Drepane africano	Débélenyi
10	Clupeídeos	*Ethmalosa fimbriata*	Etmalose africana	Bonga
		Ilishia africana	Navalha	Laati
		Sardinha-verdadeira	Sardinela lisa	Bongasèri
11	Ciclídeos	*Hemichromis fasciatus*	Carpe	Toka
		Tilápia guineensis	Carpe	Khobè
12	Thrichiuridae	*Trichiurus lepturus*	Peixe-sabre	Paniyèkhè
13	Sphyraenidae	*Sphyraena barracuda*	Barracuda	Kouta
		Sphyraena guachancho		Kouta

		Liza falcipinis	Salmonete de barbatanas grandes	Sèki
14	Mugilídeos	Liza grandisquamis	Salmonete de grandes dimensões	Sèki
		Mugil cephalus	Salmonete do Cabo	Sèki
15	Polinemídeos	Galeoides decadactylus	Capitão Plexiglace	Sanoussi
		Pentanemus quinquarius	Capitão bigode	Gbalakassa
		Polydactylus quadrifilis	Grande apitaine	Sori
16	Monodactylidae	Monodactylus sebae	Peixe-vela	-
17	Psettodidae	Psettodes belcheri		Fagbakhamè
18	Sciaenidae	Pseudotolithus senegalensis	Bobo otolítico	Sosoékondounké
		Pseudotolithus brachignatus		Fouta
		Pseudotolithus elongatus	Otólito corcunda	Boboè
		Pseudotolithus epipercus		Boboè foret
19	Bothidae	Syacium micrurum	Paté falso	Fagba forè
20	Dasyatidae	Margarita Dasyatis	Arraia de pérola	Kouléyèkhè
21	Rinobatidae	Rhinobatos cemiculus	Raio de guitarra	Matéki

A análise desta tabela mostra que o estuário do Fabão é muito rico em recursos piscícolas, com 21 famílias de peixes identificadas, divididas em 38 espécies frequentemente desembarcadas, com predominância *da Ethmalosa fimbriata*.

Estes resultados diferem dos de (Bah, T.H., 2016), que registou 46 espécies de peixes no mesmo estuário, sendo a *Ethmalosa fimbriata* a espécie mais abundante capturada. Isto dever-se-ia ao facto de estas espécies se deslocarem em cardumes, o que as torna mais vulneráveis a determinadas artes e técnicas de pesca, ou à sua elevada capacidade reprodutiva.

Estes resultados mostram uma clara redução do número de espécies presentes na zona, o que se pensa dever-se à sobre-exploração e à forte poluição das águas, que levou à migração das espécies, uma vez que a zona de Faban é uma zona onde a poluição humana é muito elevada devido à forte urbanização. A abundância desta espécie nas capturas dever-se-á ao facto de poder ser pescada com várias artes (falcão, redes de cerco, redes de emalhar de deriva, etc.).A abundância desta espécie nas capturas dever-se-ia ao facto de ser pescada por várias artes (gavião, redes de emalhar de cerco, redes de emalhar de deriva, etc.), mas também ao facto de se reproduzir durante todo o ano, em comparação com as outras espécies registadas, como o *Trichiurus lepturus*, que produzem muitos ovos.

Ethmalosafimbriata, por exemplo, é uma espécie que pode pôr mais de 2.000.000 (dois milhões) de ovos numa única ninhada. *Trichiurus lepturus,* por outro lado, é uma espécie menos produtiva, pois não só cresce muito lentamente, como a fêmea atinge a sua primeira maturidade sexual com um tamanho de 69,3 cm (FAO, 2008).

3. Análise dos parâmetros físico-químicos da água

A fim de determinar as qualidades físico-químicas da água, foi efectuada uma análise em laboratório, cujos resultados são apresentados nas figuras seguintes:

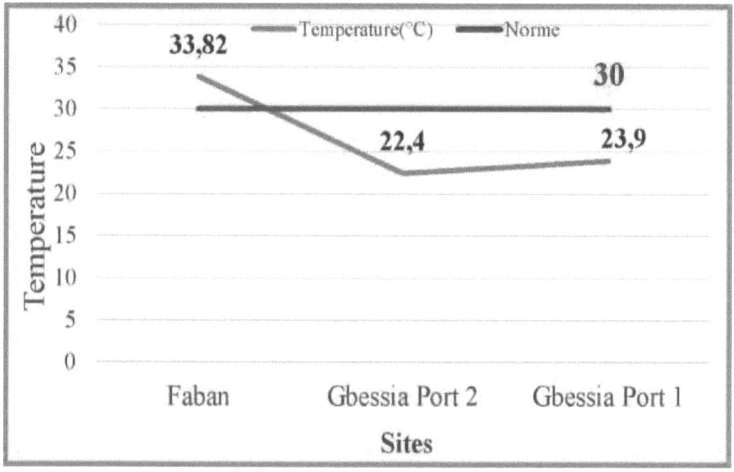

Figura III.3: Variação da temperatura

Esta figura mostra um aumento acentuado da temperatura na zona de Faban, ligeiramente superior aos valores registados por (Bah A.,2019) na mesma baía de Sangoyah (32,91°C) e por (Onivogui G et al.,2013) no estuário de Konkouré (31,02°C). Pensa-se que esta diferença de temperatura nestas zonas está ligada ao grande volume de águas residuais, que são geralmente mais quentes e provocam o aumento da temperatura da água.

Por outro lado, são coerentes com os resultados do trabalho de (Pezennec, O., 1999) que indica que, hidrologicamente, as águas guineenses permanecem quentes durante todo o ano e estão próximas da temperatura ambiente da zona, o que é o resultado do seu clima tropical.

Registamos também a variação da temperatura nas zonas de Gbessia port 2 e Gbessia port 1, com valores de 22,4°C e 23,9°C, que estão abaixo da norma da OMS de 30°C.

Estas variações bruscas de temperatura nestas zonas são o resultado de uma forte poluição destas águas, que terá um impacto grave na vida das espécies, uma vez que a temperatura é a força motriz de todas as funções biológicas das espécies (reprodução, alimentação, crescimento) e dos factores abióticos de um ecossistema.

De acordo com (Rodier J., 1984), a temperatura é um fator ecológico que condiciona a distribuição dos organismos aquáticos, sendo de importância vital diretamente na atividade metabólica dos organismos, ou indiretamente, modificando os factores ecológicos do meio e, consequentemente, a sua répartition biogéographique.

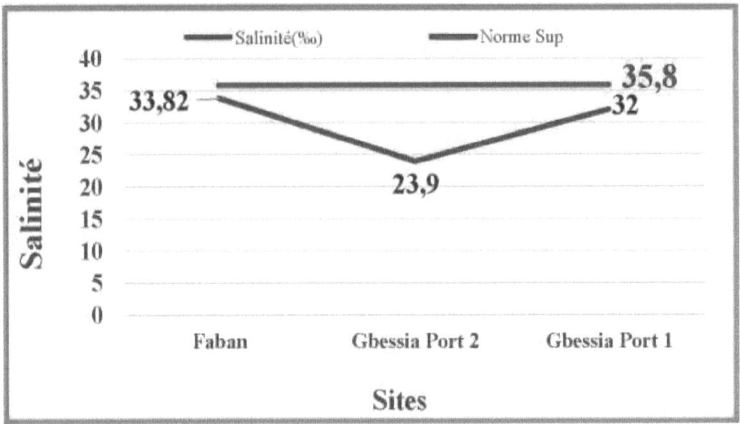

Figura III.4: Variação da salinidade

A figura mostra que os valores de halogéneos são inferiores à norma da OMS de 35,8%.

Os nossos resultados são comparáveis aos relatados por (Bah A.,2019) em Boulbinet (33,7%) e por (Bangoura K et a/.,2013 em Kakounssou no estuário do Konkouré (33,04%).

Estas variações de salinidade nestes locais podem dever-se a variações de temperatura, pluviosidade, turvação do ambiente devido ao excesso de resíduos, o que terá um impacto na vida das espécies, uma vez que quanto mais baixa for a salinidade, menos favorável se torna o ambiente para as espécies estenohalinas.

Estes resultados são coerentes com os encontrados por (Pezennec, O., 1999) que afirma que na Guiné, a salinidade varia consoante a estação do ano (variando de 2% na estação das chuvas: julho-agosto, na foz, a 34 g/l na estação seca).

De acordo com (Tamoïkine, M.Y., 1994), no ambiente estuarino guineense, o nível de salinidade é sempre inferior a 35 g/l e varia de 33 g/l a 0 g/l num raio de cerca de 20 km da foz.

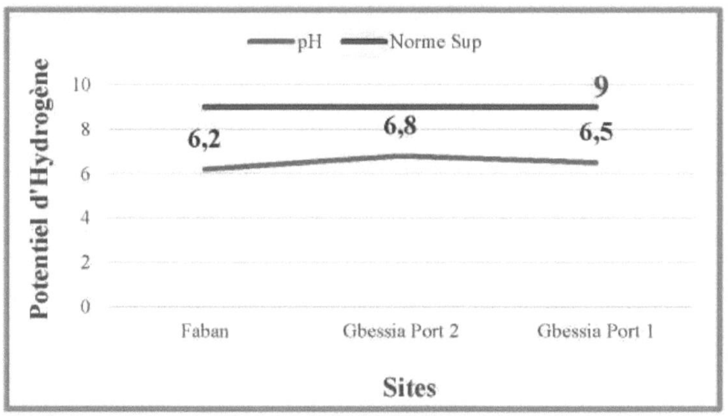

Figura III.5: Variação do pH

A figura mostra que o pH da água está entre 6,5 e 8,5.

No entanto, os nossos valores de pH são relativamente mais baixos do que os medidos por (Bah A.,2019) em Boussoura (8,3) e por (Bangoura K et *al* 2013) em Bokhinènè (6,98).

Estas variações do potencial hidrogeniónico (pH) nestes locais podem ser devidas à entrada de matéria orgânica drenada pelas águas residuais, o que leva a uma diminuição do pH. Estas concentrações são confirmadas pelos dados de turvação da água, que apresentam valores significativos, nomeadamente em Faban, e que teriam reduzido a atividade fotossintética das algas e, por conseguinte, o pH da água.

Estes resultados estão de acordo com os de (Derwich E., 2010) que salientam que, nas águas naturais, os valores de pH se situam entre 6 e 8,5 e diminuem na presença de níveis elevados de matéria orgânica e aumentam durante os períodos de escassez de água, quando a evaporação é elevada.

Segundo (Copin, M.G. 2002), o pH tem um efeito direto na disponibilidade dos iões metálicos no meio marinho, sobretudo quando o meio é ácido (pH baixo), e na taxa de acumulação nos organismos. Nas águas neutras ou básicas, os iões metálicos precipitam-se e acumulam-se principalmente na fase sólida (lamas).

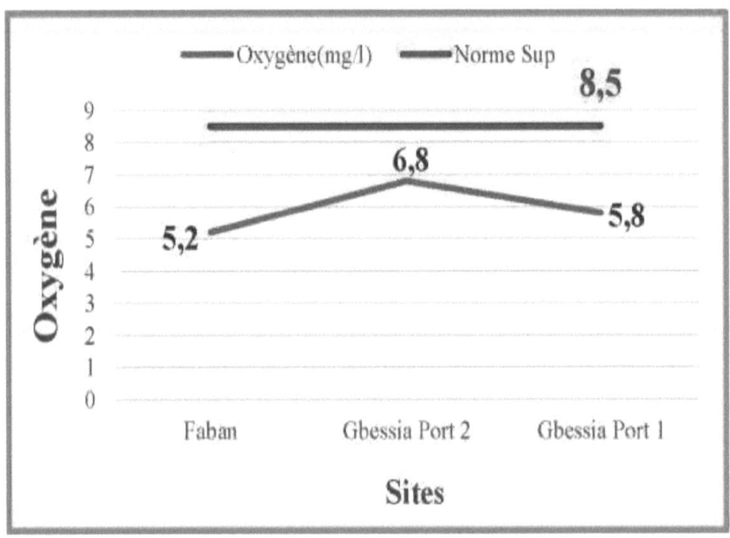

Figura III.6: Variação do teor de oxigénio

Esta figura mostra uma variação do teor de oxigénio dissolvido no porto 1 de Faban e Gbessia de 5,2 mg/l e 6,8 mg/l, respetivamente.

Os nossos resultados são coerentes com os obtidos por (Bah. A., 2019) no Porto Autónomo de Conacri (5,6 mg/l) e por (Baldé S et *al.*, 2013) no estuário do Konkouré (6,5 mg/l).

Por outro lado, estas diminuições dos níveis de oxigénio dissolvido estariam ligadas à turbidez elevada, à temperatura, à penetração da luz, à agitação da água, à disponibilidade de nutrientes e à calma hidrodinâmica, que impede a mistura das águas.

Esta concentração de oxigénio dissolvido é também uma função da taxa a que o ambiente é esgotado de oxigénio pela atividade dos organismos aquáticos e pelos processos de oxidação e decomposição da matéria orgânica presente na água.

Em geral, quanto mais próxima da saturação estiver a concentração de oxigénio dissolvido (OD), maior será a capacidade do mar ou do estuário para absorver a poluição.

De acordo com (Guisse, A., 2012), a concentração de oxigénio dissolvido é uma variável de estado fundamental que está envolvida em muitos processos; é também um bom indicador da saúde de um ecossistema.

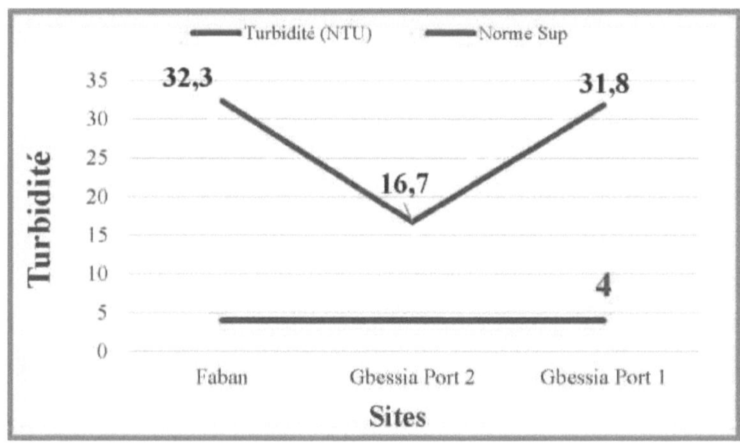

Figura III.7: Variação da turbidez

O valor mais elevado de turbidez foi observado em Faban (32,3 NTU) e o mais baixo no porto 2 de Gbessia (16,7 NTU).

No entanto, estes resultados são ainda superiores aos valores registados por (Bah. A., 2019) em Yimbaya (14 NTU) e aos encontrados por (Barry M.K et *al* 2013) no estuário de Konkouré (1,86 NTU).

Estes níveis elevados de turvação podem ser explicados pelo facto de os nossos locais de amostragem se situarem perto de pontos de desembarque onde a atividade humana é intensa, mas também pela mistura de água salgada e de água de escoamento, que é a causa da elevada turvação. Quando a água está turva, as plantas aquáticas recebem menos luz.

O crescimento das plantas e a fotossíntese - a produção de oxigénio pelas plantas - são, portanto, grandemente reduzidos. A cadeia alimentar aquática é afetada.

Os nossos resultados estão de acordo com o trabalho de (Diané, L. *et al.*, 2005) sobre a baía de Sangareah, no qual ele argumenta que a elevada turbidez da água é registada durante o período de águas baixas e pode ser explicada pela grande entrada de partículas sólidas resultantes da lixiviação do solo da bacia hidrográfica causada pela precipitação devida à desflorestação e à degradação do solo.

No entanto, todos estes locais apresentam um valor de turbidez muito superior ao permitido pela OMS, o que causará danos significativos tanto nos organismos como na qualidade da água.

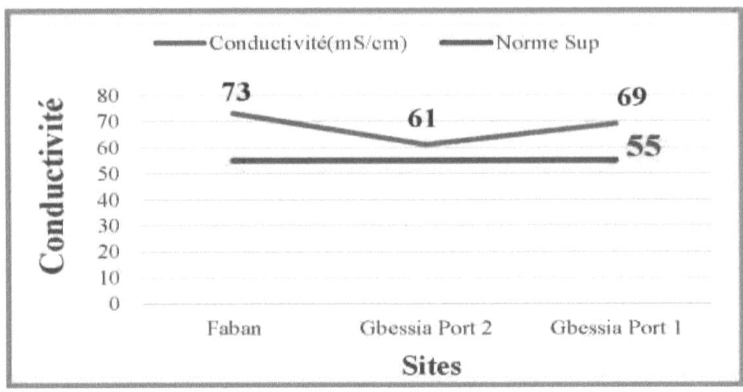

Figura III.8: Variação da condutividade

Com base nestes resultados e nos valores registados nos vários locais, nomeadamente (61 mS/cm) no porto de Gbessia 2, (69 mS/cm) no porto de Gbessia 1 e (73 mS/cm) em Faban, podemos ver que a condutividade da água é elevada em comparação com a norma da OMS de 55 mS/cm.

O nosso grau de mineralização é superior ao medido por (Bah. A., 2019) na mesma baía (55,83 mS/cm) e por (Fouad S et *al* 2014) em Marrocos (53 mS/cm).

Pensa-se que esta situação de elevada mineralização de sais dissolvidos se deve a actividades humanas como a descarga direta de: resíduos líquidos de sanitários, banhos com anti-sépticos, detergentes em pó, louça e resíduos de fábricas de transformação de produtos agrícolas, cosméticos e outros.

Estes resultados são equivalentes aos de (Ouali N.,2018), na Argélia, na Baía de Oran, que indicam que quanto maior a condutividade da água, mais rica é em sais minerais, e as espécies aquáticas geralmente não toleram variações significativas nos sais dissolvidos.

4 Avaliação do teor de metais na água e nos músculos das três espécies de peixes Para avaliar o teor de iões metálicos presentes na água, realizámos um ensaio destes iões, cujos resultados são apresentados nas figuras seguintes:

a) Avaliação do teor de metais na água

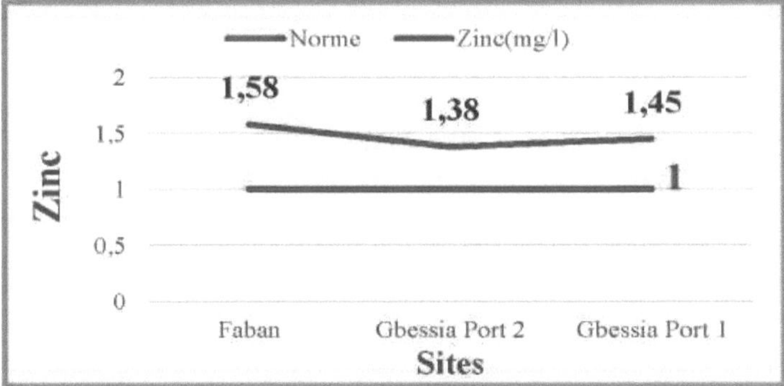

Figura III.9: Concentração de zinco

A partir desta figura, as diferentes concentrações de Zinco encontradas nas amostras recolhidas nos diferentes locais de amostragem, é fácil de ver que a concentração mais elevada (**1,58mg/l**) foi obtida nas amostras recolhidas em Faban.

Estes valores registados estão dentro do intervalo de Zinco obtido por (Bah A.,2019) em Sonfonia e Dabondy (0,23 mg/l e 2,48 mg/l) e o relatado por (Bangoura K et al.,2013) na área de Konkouré (0,1 mg/l e 180 mg/l).

Este aumento pode dever-se a uma entrada significativa de estrume agrícola (alimentos para animais, chorume) e de actividades urbanas (tráfego rodoviário, incineração de resíduos) nestes locais.

Os valores de zinco registados nos locais, 1,58 mg/l, 1,38 mg/l e 1,45 mg/l, respetivamente, são todos inferiores à norma do Banco Mundial de 1 mg/l.

De acordo com Rodier P. (1984), o zinco apresenta uma certa toxicidade para os organismos aquáticos. Esta toxicidade depende da mineralização da água e da zona em questão, afecta os peixes a partir de alguns miligramas por litro e é também influenciada pela dureza da água, pelo seu teor de oxigénio e pela temperatura.

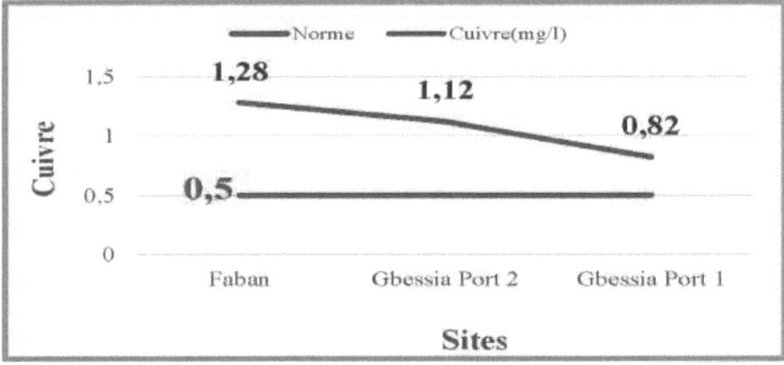

Figura III.10: Concentração de cobre

A partir desta figura, podemos ver que, em comparação com a norma de descarga aceite pelo Banco Mundial (0,5 mg/l), existe uma concentração elevada do metal cobre nestas águas, com 1,28 mg/l, 1,12 mg/l e 0,82 mg/l, respetivamente.

No entanto, os nossos valores de cobre são relativamente mais baixos do que os medidos por (Bah A., 2019) na Centrale Thermique du Kaloum (CTK), que recebe águas residuais permanentes e água de fontes naturais, e mais elevados do que os registados por (Barry M.K et *al.*, 2013) na zona de Konkouré (Kakounssou).

Estas variações do teor de cobre nestes locais podem estar ligadas a entradas terrestres e a diversas actividades industriais, como a fábrica de sabão Alpha, a fábrica de farinha, a fábrica Capri-Sun, etc. No entanto, estes valores continuam a ser inferiores aos valores-limite fixados pelo Banco Mundial (0,5 mg/l).

Segundo (Marchand M et *al.*, 1997), uma concentração de cobre de 0,1 a 1mg/l não é perigosa para os peixes, mas as mesmas concentrações são perigosas para certas espécies aquáticas (moluscos) e a toxicidade do cobre varia em função das espécies e das caraterísticas físico-químicas da água (temperatura, dureza e quantidade de CO_2 livre).

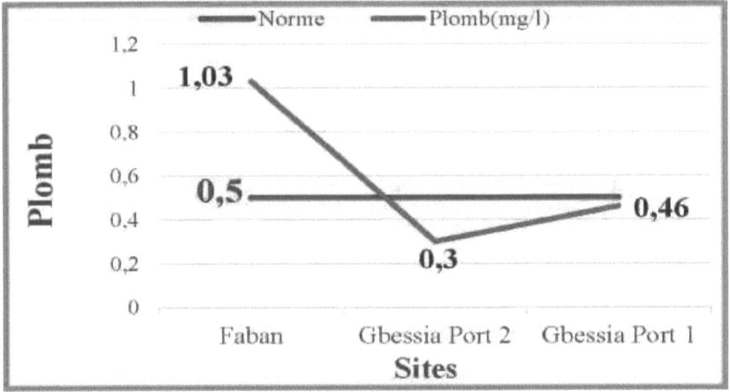

Figura III.11: Concentração de chumbo

Nesta figura, em comparação com a norma aceite pelo Banco Mundial (0,5 mg/l), verificamos que nos locais do porto de Gbessia 2 e do porto de Gbessia 1 os valores encontrados são inferiores à norma de descarga (0,3 mg/l e 0,46 mg/l), o que indica que estes locais não estão muito poluídos com esta substância.

Em contrapartida, no sítio Faban, este limite é largamente ultrapassado (1,03 mg/l contra 0,5 mg/l). Este facto indica um risco de poluição por este metal através dos efluentes descarregados neste local. Os nossos resultados são comparáveis aos relatados por (Bah A., 2019) em Boulbinet (0,91 mg/l) e por (Baldé S et *al.*, 2013) no estuário do Konkouré (1 mg/l).

A variação destes valores nos vários locais de amostragem pode ser explicada não só pela poluição difusa (descargas e entradas devido à existência de instalações industriais), entradas indirectas através da lavagem de estradas e águas pluviais, mas também pela proximidade de uma estrada principal, uma vez que este elemento é utilizado como agente antidetonante na gasolina.

De acordo com (Yassine M., 2011), os microrganismos responsáveis pela degradação aeróbica da matéria orgânica são sensíveis ao chumbo a partir de 0,1 mg/l. Afirma ainda que a toxicidade do chumbo afecta tanto as plantas como os animais e os seres humanos. A toxicidade do cobre no meio aquático depende muito da alcalinidade, do pH e da presença de matéria orgânica.

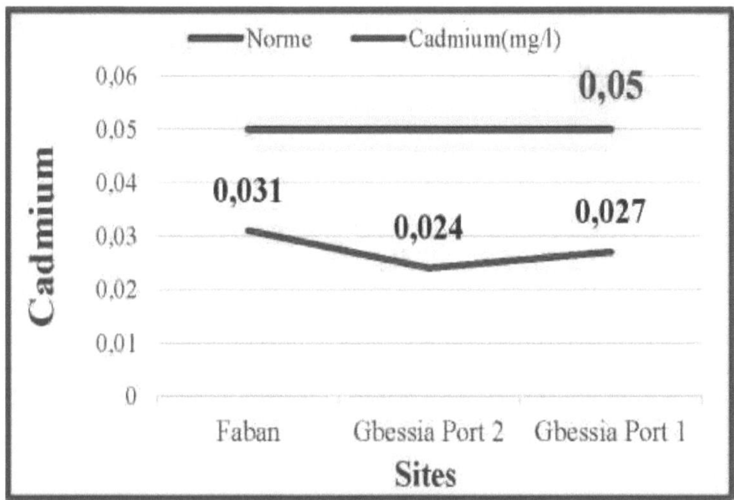

Figura III.12: Concentração de cádmio

Em geral, esta figura mostra que todas as amostras dos 3 locais de amostragem analisados contêm este metal em diferentes concentrações, mas em comparação com a norma aceite para este metal (0,05 mg/l), nenhuma das concentrações excede a norma do Banco Mundial;

Isto indica que estes ambientes estão menos poluídos por este metal, uma vez que está menos presente na água descarregada por terceiros, o que constitui uma vantagem considerável não só para os peixes, mas também para a qualidade da água e para os consumidores, uma vez que se trata de um metal pesado.

Este facto é confirmado por (Bah A., 2019) na baía de Sangareah em Sonfonia e por (Onivogui G et al., 2013) no estuário de Konkouré, que relatam níveis de cádmio semelhantes aos nossos (0,025 mg/l e 0,010 mg/l).

A presença deste metal nestes diferentes locais de amostragem pode estar ligada a descargas de indústrias químicas têxteis e de tinturaria que contêm este elemento, tais como SOBRAGUI, SOGUIPAH, TOPAZ MULTI INSDUSTIE, etc.

b) Avaliação do teor médio de metais nas três espécies

A fim de avaliar o teor de iões metálicos presentes em determinadas espécies, realizámos um ensaio destes iões em três espécies de peixes. Os resultados obtidos são apresentados nas figuras seguintes:

^ *Pomadasys jubelini*

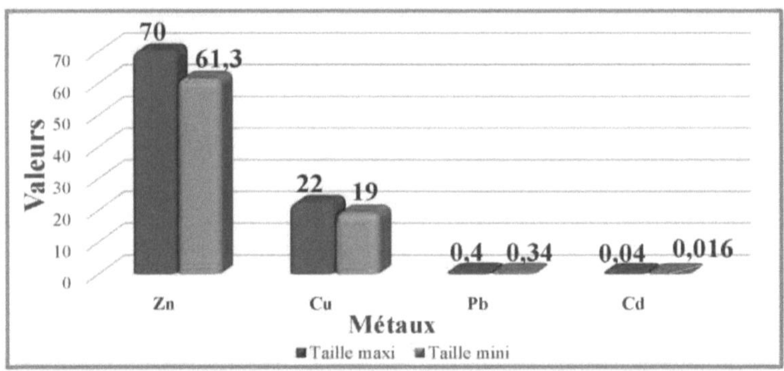

Figura III.13: Avaliação dos teores médios de metais (Cd, Cu, Pb, Zn) em mg /l
em *Pomadasys jubelini.*

A partir desta figura, as concentrações de Cádmio e Chumbo são menos significativas do que as de Cobre e Zinco. As concentrações de cádmio são muito insignificantes em comparação com os outros metais, mas as concentrações de zinco são muito elevadas, com uma média de 70 mg/l (tamanho máximo) e 61,3 mg/l (tamanho mínimo). Os nossos valores são superiores aos encontrados por (Canli G et *al.*, 2002) na Turquia (34,58 mg/l) e inferiores aos relatados por (Ouali N., 2018) na Baía de Annaba na Argélia (82 mg/l) para a mesma espécie.

Estas variações na taxa de acumulação de zinco por esta espécie *(Pomadasys jubelini)* nestas zonas podem estar relacionadas com a entrada de águas residuais domésticas contendo este elemento. Embora o zinco seja um metal essencial para o metabolismo dos organismos aquáticos, a sua acumulação significativa pode prejudicar a sua saúde.

No que se refere aos valores-guia europeus (Recomendações CE/2001) e aos valores da FAO/OMS 1989 sobre a comestibilidade da carne de peixe, nenhum dos valores excede as normas exigidas (100 mg/l).

Mugil cephalus

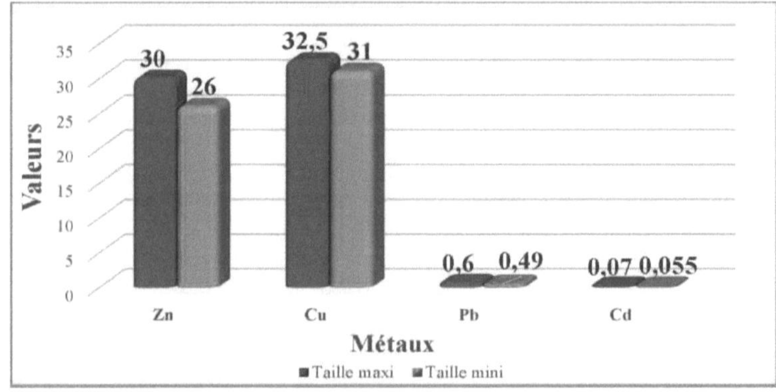

Figura III.14: Avaliação do teor médio de metais (Cd, Cu, Pb, Zn) em mg/kg em *Mugil cephalus*

Os resultados desta figura mostram doses variáveis dos quatro metais pesados (Zn, Cu, Cd, Pb) na carne dos indivíduos (**tainha**) dos dois lotes estudados; os nossos dados indicam claramente que as concentrações médias de Cobre encontradas nos dois lotes são mais elevadas do que as dos outros três metais.

No que respeita aos valores-limite da FAO 1989 e aos da CE 2002, relativos à comestibilidade dos músculos de peixe, os níveis de cobre são superiores (32 mg/l) à norma exigida para esta espécie (30 mg/l). Os nossos valores de cobre são comparáveis aos registados por (Ben Mansour P., 2009) na Argélia (33 mg/l) e por (Dural et *al.*, 2009) na Turquia, na baía de Karatas (31 mg/l) com a mesma espécie.

O elevado teor de cobre nesta espécie pode estar relacionado não só com a sua mobilidade e preferência alimentar, mas também com o facto de o cobre ser um metal essencial para o metabolismo dos organismos aquáticos, pelo que se acumula de forma bastante significativa nesta espécie.

Tendo em conta estes resultados, resta saber se o consumo de *Mugil cephalus* da baía de Tabounsou é perigoso em termos dos riscos toxicológicos que a sua contaminação pode acarretar.

Por conseguinte, o consumo de **tainha** da baía continua a ser uma opção formidável e perigosa em termos dos riscos toxicológicos que a contaminação pode acarretar.

Dentex angolensis

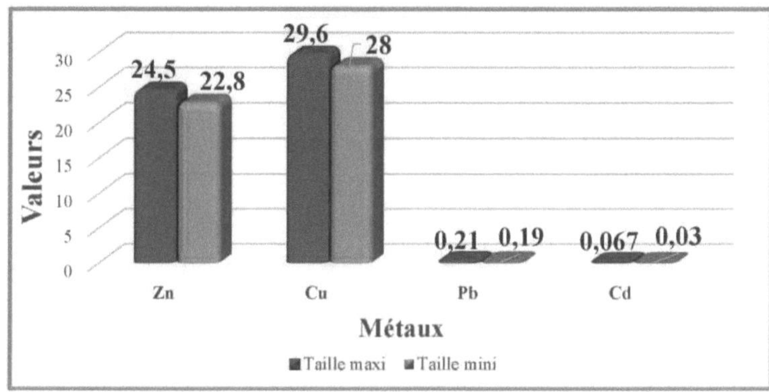

Figura III.15: Avaliação do teor médio de metais (Zn, Cu, Pb, Cd) em mg/kg em *Dentex angolensis*

Os resultados apresentados nesta figura indicam claramente que as concentrações médias de Cobre e Zinco encontradas na carne de ***Dentex angolensis*** são superiores às de Cádmio e Chumbo nos diferentes lotes, independentemente do tamanho dos espécimes considerados. Isto indica que estes dois metais estão mais presentes nestas águas devido a factores humanos (industriais) e naturais e têm uma elevada capacidade de contaminação.

Constatamos que todas as concentrações médias destes oligoelementos metálicos na carne do peixe ***Dentex angolensis*** na baía de Tabounsou são inferiores às normas aceites pela FAO/OMS e pela Comunidade Europeia (CE 2002). Os nossos resultados obtidos para os teores de Zinco e Cobre são superiores aos relatados por Sahbaoui (2015) que trabalhou com a mesma espécie em Ghazaouet na Argélia (25 mg/l e 28,5 mg/l). Os nossos valores obtidos para os teores médios de Chumbo e Cádmio são também comparáveis aos relatados por (Goual., 2000) que trabalhou com a mesma espécie em Beni-

Saf na Argélia.

Estas variações na taxa de acumulação destes metais por esta espécie podem dever-se à poluição difusa nestes locais.

5. Medidas de atenuação propostas

Na sequência das nossas conclusões e à luz dos resultados obtidos durante as nossas investigações, foi proposto um conjunto de medidas corretivas para reduzir os efeitos dos metais vestigiais na população em geral e nos recursos haliêuticos em particular:

Para o Estado

- ✓ Considerar a criação de uma rede de vigilância ao longo da costa guineense;

- ✓ Criar estações de tratamento de águas residuais nas grandes cidades;

- ✓ Incentivar as fábricas a instalarem estações de tratamento de efluentes através da aplicação de uma boa política;

- ✓ Aplicar a regulamentação em vigor em matéria de degradação ambiental através do acompanhamento, controlo e vigilância.

Decisores políticos, autoridades locais e residentes locais

- ✓ Tomar medidas adequadas para atenuar o impacto das descargas de águas residuais industriais, efluentes mineiros, produtos agroquímicos, etc. ;

- ✓ Sensibilizar o público em geral, mantendo-o informado dos perigos e riscos para a sua segurança alimentar;

- ✓ Desenvolver a zona costeira e purificar a água ;

- ✓ Incentivar os agricultores a reduzir a utilização de biocidas, incluindo os poluentes orgânicos persistentes;

- ✓ Criar um organismo de controlo e vigilância da qualidade dos efluentes industriais e domésticos (dotado de meios adequados).

Aos futuros investigadores

Os resultados preliminares obtidos no decurso deste estudo fornecem recomendações para perspectivas futuras que seria judicioso empreender:

- ✓ Continuar este estudo ao longo de vários ciclos, a fim de recolher o máximo de informações possível sobre os níveis de contaminação por TME nos sedimentos e nos organismos vivos;

- ✓ O próximo passo lógico é alargar este trabalho a toda a costa guineense;

- ✓ A lista de oligoelementos metálicos deve ser alargada de modo a incluir outros contaminantes;

- ✓ É igualmente necessário compreender o impacto desta contaminação nos organismos a uma escala individual e, eventualmente, a uma escala populacional. Este tipo de estudo só pode ser encarado através de uma abordagem multidisciplinar que combine a química, a biologia e a ecologia.

CONCLUSÃO

No final deste estudo sobre o tema **"Estudos da poluição metálica sobre algumas espécies de peixes capturados na baía de Tabounsou-Conakry"**, os resultados obtidos sobre o estado da qualidade da água nos diferentes locais de amostragem parecem evidenciar o impacto direto da poluição global, gerada pela descarga de águas residuais destas localidades.

A qualidade físico-química da água da baía revela :

-Elevada mineralização da água, indicada por valores elevados de temperatura e de condutividade eléctrica. Esta mineralização não é apenas um fenómeno natural resultante unicamente do contexto geológico da região, mas também da entrada de águas residuais provenientes da parte sul de Conacri.

-Poluição significativa, confirmada pelos elevados teores de Zinco e Cobre. Esta poluição pode ser agravada pela lixiviação superficial de solos agrícolas tratados com fertilizantes, bem como por efluentes industriais e domésticos provenientes de unidades e habitações construídas ao longo das margens da baía.

De acordo com os teores médios de metais registados no nosso estudo, podemos observar :

- ✓ Contaminação definitiva da área de estudo, revelada pela presença de metais pesados (Zn, Cu, Cd, Pb) encontrados na carne destas três espécies de peixes e na água;

- ✓ Os resultados deste estudo mostraram que estas espécies acumulam oligoelementos em diferentes graus;

- ✓ O gradiente de acumulação para estas espécies é o seguinte: Zn > Cu > Pb > Cd ;

- ✓ As concentrações de metais analisadas na carne de **Mugil cephalus**, cobre no primeiro **lote**, apresentaram valores superiores às normas estabelecidas pela FAO/OMS.

No final deste trabalho e tendo em conta os resultados obtidos, **o Mugil cephalus** poderia constituir um organismo sentinela muito satisfatório no âmbito de uma abordagem multicompartimental de controlo da contaminação do meio marinho.

Em suma, a presença destes iões metálicos nestas águas é uma prova clara de que estão poluídas em resultado da atividade humana, da precipitação e da erosão, constituindo uma ameaça real não só para a saúde dos organismos que aí vivem, mas também para os consumidores desses organismos que somos nós.

Para fazer face a esta situação tão preocupante, é mais do que urgente tomar medidas como

Em relação ao Estado

- ✓ Afastar as lixeiras das linhas costeiras, dos mares e dos estuários;

- ✓ Sensibilizar o público para a necessidade de adotar um comportamento responsável em relação aos cursos de água;

Às autoridades do Instituto Superior de Ciências e Medicina Veterinárias (ISSMV) de Dalaba

- ✓ Reforçar a capacidade do laboratório do ISSMV/D para responder às necessidades de equipamento do Departamento de Pescas e Aquicultura.

REFERÊNCIAS BIBLIOGRÁFICAS

1. Abdoulaye Bah 2019: Impactos dos efluentes das principais centrais térmicas de Conacri no ambiente marinho e costeiro.

2. Amiard, J.C., Amiard-Triquet, C., Berthet, B., Metayer, C. (2008). Contribuição para o estudo ecotoxicológico do Cádmio, Chumbo, Cobre e Zinco no mexilhão Mytilus edulis. Mar Biol, (90). pp- 425431.

3. Bauchot, M.-L. e J.-C. Hureau, 1990. Sparidae. In J.C. Quero, J.C. Hureau, C. Karrer, A. Post e L. Saldanha (eds.) Checklist of the fishes of the eastern tropical Atlantic (CLOFETA). JNICT, Lisboa; SEI, Paris; e UNESCO, Paris. Vol. 2. 790-812

4. Berg D.M., Raven.P.H Et Hassen Zahl D M , 2009-Boech Environment 6th edition

5. Bester, C. (2004). "Ictiologia no Museu de História Natural da Flórida" (On-line). Acedido em 16 de outubro de 2005.

6. Bouchriti, 2003- surveillance des zones de production conchyticoles actes du séminaire sur la qualité des produits de la pêche ,20-24 mai 2002, casablanca,maroc,édité par insamak.

7. Boutiba, Z,2004- Guid de l'environnement marin Edit: DAR EL GHARB,273 P.

8. Casas, S, 2005- Modelação da bioacumulação de metais vestigiais (Hg,Cd,Pb,Cu e Zn) no mexilhão Mytillusgalloprovincidis num ambiente mediterrânico, tese de doutoramento ENV MAR univ sud Toulon ,314P.

9. Chabanne (J), 1987 - Le peuplement des fonds durs et sableux du plateau continental sénégambien, Etude de sa pêcherie chalutière, biologie et dynamique d'une espèce caractéristique le rouget (Pseudupeneus prayerisis). Paris, ORSTOM, *Etudes et Thèses,* 355 p.

10. Champeau, O. (2005). Biomarcadores de efeitos em C. Fluminea: do desenvolvimento em laboratório à aplicação em mesocosmos. Tese de doutoramento, Bordéus 1 (França).

11. Chiffoleau J F., Claisse, D., Cossa, D., Ficht,A.,Gonzalez,J. , Guyot T ,Michel, P.,Miramand,P;Oger,C Et Petit. 2001- La contamination métallique, programme scientifique seine aval : 39p.

12. Chiffoleau, J.F., Auger D., Chartier, E., Michel, P. (2001). Spatiotemporal changes in Cadmium contamination in the Seine estuary (France). Estuários 24 (6B): 1029-1040

13. Christian, N; Alain, R; 2004-Déchets et pollution, impact sur l'environnement et la santé, Dunod, paris.pp100.

14. Copin, M.G. (2002). Química da água do mar. Instituto Oceanográfico, Coleção Síntese.

15. Cravez V e Bernard G, 2006- Pollution marine : les définitions www.nuiv-mrs.fr. C.N.R.S., 2005- (centro nacional de pesquisa científica) "Principaux rejets industriels".

16. Derwich E., Benaabidate L., Zian A. (2010), Journal 8 101-1

17. Desautels, M ; 2005-l'eutrophisation de nos plans d'eau, c'est quoi fiche technique n0 2 Quebec canada,2P. DESAUTELS, M; 2005-l'eutrophisation de nos plans d'eau, c'est quoi fiche technique n0 2 Quebec canada,2P.

18. Diané, I., 2005. Influência das actividades humanas no funcionamento hidrodinâmico dos ecossistemas estuarinos (fator abiótico): o caso da Baía de Sangaréyah.

19. Diretiva 2000/60/CE do Parlamento Europeu e do Conselho, de 23 de outubro de 2000, que estabelece um quadro de ação comunitária no domínio da política da água. Publicada em linha em 22 de dezembro de 2000, consultada em 08 de janeiro de 2009.

20. Diretiva 2000/60/CE do Parlamento Europeu e do Conselho, de 23 de outubro de 2000, que estabelece um quadro de ação comunitária no domínio da política da água. Publicada em linha em 22 de dezembro de 2000, consultada em 08 de janeiro de 2009.

21. FAO/OMS. (1989). Evaluation of certain food additives and the contaminants mercury, lead and cadmium, WHO Technical Report, Series No. 505.

22. Gagneux-Moreaux S., 2006 - Os métaux (Cd, Cu, Pb et Zn) na produção de microalgas em diferentes meios de cultura: biodisponibilidade-bioacumulação e impacto fisiológico. Tese de doutoramento em biologia marinha. Universidade de Nantes.257P

23. Gagneux-Moreaux S., 2006 - Os métaux (Cd, Cu, Pb et Zn) na produção de microalgas em diferentes meios de cultura: biodisponibilidade-bioacumulação e impacto fisiológico. Universidade de Nantes.257P

24. Gbago ONIVOGUI ; Saidouba BALDE ; Kandet BANGOURA e Mamadou Kabirou BARRY Avaliação dos riscos de poluição por metais pesados (Hg, Cd, Pb, Co, Ni, Zn) na água e nos sedimentos do estuário do rio Konkouré (Rep. da Guiné)

25. GOEURY D. (2014). *Poluição marinha*. Paris, França.

26. Guisse, Amed (2012). Influência de alguns parâmetros físico-químicos na Distribuição Horizontal da Fauna Ictio-planctónica no estuário da Sonfonia. Química e biologia. Tese de mestrado. Conakry. Universidade Gamal Abdel Nasser, Conakry. P4-11.

27. Hebbar, C, 2005-Surveillance de la qualité bactériologique des eaux de baignades cas des plages d'ainfranin et de Kristel, tese de mestrado, Universidade de ORAN, 228P.

28. Hemalatha, S., Platel, K., Srinivasan, K. (2006). Teores de zinco e ferro e sua bioacessibilidade em cereais e leguminosas consumidos na Índia. Food Chemistry, 102, 13281336.

29. Hemida F., Cherabi O., Nouar A. e F. Amire, 1995. Clé de détermination de la famille des Sparidés : proposition pour une démarche nouvelle. Actes du 1ère Congrès Maghrébin des Sciences de la Mer: 34p.

30. Hill, K. (2004). Estação Marinha Smithsonian em Fort Pierce. (On-line). Acedido a 16 de outubro de 2005 em http://www.sms.si.edu/irlspec/Mugil cephalus.

31. Khelil,F, 2007- évaluation de la contamination de l'eau de mer et d'un mollusque la moule Mytillusgalloprovincidis pêche du port d'Oran , mémoire de magistère , Univ d'oran,112P.

32. KHELIL,F, 2007- évaluation de la contamination de l'eau de mer et d'un mollusque la moule Mytillusgalloprovincidis pêche du port d'Oran, mémoire de magistère, Univ d'oran,112P.

33. Konaté, S.; Keita, I. K.; Keita, A. et al]. (2007). Estudo e monitorização das caraterísticas físico-químicas, biológicas e sedimentológicas das águas costeiras guineenses. Relatório CERESCOR sobre o projeto GCLME - ONUDI N° GP/ RAF/ 04 / 004. p63.

34. Lafabrie, C. (2007). Utilisation de Posidonia oceanica (L.) Delile comme bio-indicateur de la contamination métallique (Doctoral dissertation, Université de Corse).

35. Lane, T. W. & Morel, F. M. (2000). A biological function for cadmium in marinediatoms. *Actas da Academia Nacional de Ciências, 97*(9), 4627-4631.

36. Larno, V., Loroche, J., Launey S., Flammaion P., Devaux A., 2001 - respostas das populações de chub (leucescuscephalus) ao stress químico, avaliadas por marcadores genéticos. Danos DUA e indução do citocromo P 4501A, Ecotoxicologia 10:175

37. Leblanc.J.C. C.2004, étude de l'alimentation totale française. Micotoxinas, minerais e oligoelementos. INRA. Ministère de l'agriculture, de l'alimentation de la pêche et des affaires rurales .72P.

38. Lidsky T.I., Schneider J.S., 2003. Lead neurotoxicity in children: basic mechanisms and clinical correlates. Cérebro 100: 284-293.

39. Maadjou BAH Relatório de 2015 sobre a execução do programa de biodiversidade marinha e costeira

40. MALQUIOT M et BERTOLINI P H, 2000-Encyclopédie de l'environnement et du développement durable,1100mots,Ed,Mecy consult,192P.

41. Mansouri Kahina & Khenache Lila 2015 Contribuição para o estudo da acumulação de metais pesados (Zn, Cu, Cd, Pb) no músculo e na massa visceral de *Pomadasys jubelini* capturados no Golfo de Bejaia

42. Marchand M. & Yasi *Chemical contaminants in aquatic environments*. Oceanis vol. 22 (2), 1995, vol. 22 (3), 1996, vol. 23 (4), 1997.

43. Miquel, M. (2001). Os efeitos dos metais pesados no ambiente e na saúde. Relatório do Gabinete Parlamentar de Avaliação das Opções Científicas e Tecnológicas (Dir.).

44. Nakhlé, B. (2005). Modelação numérica de ondas de inundação ou submersão

45. NAS/NRC (1989). Recommended dietary allowances, National Academy of Science/National Research Council, Washington.

46. Nemery, F.J ; Mono, V ; Navratil, O (2010) : Feedback sobre a utilização da turbidez em rios de montanha; TSM. Technique sciences méthodes, génie urbain génie rural ; N° 1- 2, 6168p.

47. Nolasco, R. (2013) Avaliação da contaminação atual de metais pesados e de certos compostos de interesse desportivo no rio São Lourenço na cidade do Quebeque. Ensaio apresentado no Centre universitaire de formation en environnement en vue de l'obtention du grade de *maître en environnement (M. Env.)* université de Sherbrooke: p.34.

48. OUALI Naouel 2018 Identificação e quantificação de uma matriz de metais vestigiais no meio marinho

49. Pandaré, D. and Tamoïkine, M.Y., 1994: Etude de l'ichtyo plankton dans les eaux côtières et estuariennes bordées de mangrove en Guinée et au Sénégal. In: Dynamique et usage de la mangrove dans les pays des rivières du sud (du Sénégal à la Sierra Leone). Marie Christine, Cormier Salem, ORSTOM.

50. Paugy et Metayer, C. 2003 La fécondité des poissons téléostéens. Coleção de Biologie des

Milieux Marins. 5ª Ed, Masson, 121 p.

51. Pezennec, O., 1999: L'environnement hydro - climatique de la Guinée. In: La pêche côtière en Guinée: ressources et exploitation. Paris: (ed. Sci.): IRD / CNSHB, p. 16

52. Pichard A., Bison M., Diderich R., Doomaert B., Lacroix G., Lefevre J.P., Leveque, Magaud H., Morin A., Oberon D., Pepin G., Tissot S., 2003-Plumb e seus derivados. Ficha de dados toxicológicos e ambientais das substâncias químicas.

53. Picot André, 2002. Perito europeu em toxicologia. O trio mercúrio, chumbo e cádmio. Les métaux lourds : de grands toxiques.2002.

54. Prankel, S.M.; Nixon R.H.; Philips, C.J.C. (2004). Meta-análise de ensaios de alimentação que investigam a acumulação de cádmio nos fígados e rins de ovinos. Investigação ambiental 94,171,183. Revue de medecine interne ,17:826-835.

55. Ramade F, (2000): Dictionnaire encyclopédique des pollutions. Ediscience International, França, 690p, p428.

56. Rocher, V. (2003). Introduction et stockage des hydrocarbures et des éléments métalliquesau sein du réseau d'assainissement unitaire parisien (Doctoral dissertation, Ecole des Ponts ParisTech).

57. Rodier, J. (1984). L'analyse de l'eau: eaux naturels, eaux résiduaires et Eaux de mer. 7ª edição. Paris. 1365 p.

58. Safaa FOUAD , Kaoutar HAJJAMI , Nozha COHEN et Mohamed CHLAIDA-Qualité physicochimique et contamination métallique des eaux de l'Oued Hassar : impacts des eaux usées de la localité de Mediouna (Périurbain de Casablanca, Maroc) *Afrique* SCIENCE *10(1) (2014) 91 - 102*

59. SAHBAOUI Fatiha 2015 Contribuição para o estudo da contaminação por alguns metais pesados no peixe *Dantex engolensis* na costa de Ghazaouet (Wilaya de Tlemcen)

60. Schoeters G., 2006. Cádmio e crianças: exposição e efeitos na saúde. Ata Paediatr. 95 (Suppl.),

61. Theopkile R. Camara I N. Diallo S T. (2006). Relatório Nacional sobre o Ambiente Marítimo e Costeiro.

62. Thierno Sadialiou BAH Efeitos das actividades humanas na dinâmica do estuário de Tabounsou-Conakry

63. Türkmen, A., Türkmen, M., Akyurt, I. (2005). Metais pesados em três espécies de peixes de valor comercial da Baía de Iskenderun, Mar Mediterrâneo Oriental Norte, Turquia. Food Chemistry,

64. PNUA/FAO/OMS, 1996-Estat du milieu marin et du littoral de la région méditerranéenne. MAP Technic.Rep. Ser. 101: 1-148.

65. Wassim G. (2017). Poluição e Incomodidade. Gabe.

66. OMS, 2004; PNUA, 2005; CE, 2011; Survival of pathogens- Final Reports on Research Projects?

67. WOGNIN S. B. (2008) : Publications et communications, Abidjan, Université de Cocody, UFR

des Sciences médicales, CAMES, 335 p.

68. Yassine M., & C. Brunot (2011) O ambiente costeiro e marinho. Instituto Francês do Ambiente. Études et Travaux n° 16: 116 p.

69. L'Emmanuel P. Dinnat(2003) - determinação da salinidade à superfície dos oceanos através de medições radiométricas por micro-ondas em banda

Webografia

https://www.eaufrance.fr/les O impacto da poluição da água (2020). O impacto da poluição da água.

Arquivos

Arquivos da Governação de Conacri 2014

Direção Nacional das Pescas e da Aquicultura Conacri 2014

Direção nacional do turismo e hotelariaConakry,2014

Direção Nacional da Estação Meteorológica-Conakry, 2014

Direção do Ambiente, Águas e Florestas-Conakry, 2014

A NNEXOS

APÊNDICES I: QUADROS

Quadro A: Valores-guia FAO/OMS, 1989 e normas da Comunidade Europeia CE 2002 e normas internacionais relativas a metais pesados em músculo de peixe, sedimentos e água.

Metais vestigiais mg/kg	Sedimentos		Tecido de peixe			Água
	ABRMC	GESAMP	FAO/OMS	Gama de normas internacionais	CE	Banco Mundial
Ar	10	-	-	-	-	-
Cd	0,6	0.11	1	0-2	0.05	0,05
Cu	26	33	30	10-100	-	0,5
Cr	45	-	1	-	-	-
Pb	22	19	0.5	0.5-10	0.5	0,5
Zn	88	95	100	40-100	-	1
Fe	2000	-	-	-	-	-
Mn	400	-	1	-	-	-
Ni	45	-	20	-	-	0,12
Hg	0,2	0.05-0.3	0.5	0.5-5	0.5	-

Quadro B: Pontos de recolha de amostras e respectivas coordenadas geográficas.

N°	Locais de amostragem	Pontos de amostragem	Latitude	Longitude
1	Faban	Água do mar perto da plataforma de aterragem	°9 51'45.90"N	°13 71' 51,18"W
2	Gbessia porto 2	Água do mar perto da praia (bernarese)	°9 31'18.98"N	°13 41' 57.98"W
3	Gbessia porto 1	Água do mar perto da saída da fábrica	°9 55'36.22"N	°13 67' 30,82"W

Tabela C: Representação comparativa dos resultados obtidos (físico-químicos) com os de outros autores

Argélia					
Localizações	T (°C)	$_oS$ (%)	pH	O2 (%)_mg/l	Referências
Baía de Skikda	27.09	40.23	8.15	50.06	**Gueddah (2003)**
Porto de Argel	20.55	32.7	6.88	3,2mg/l	**Laama (2009)**
Baía de Oran	21.3	34.3	8.21	2.59	**Ouali (2006)**
Baía de Mostaganem	18.5	35.8	7.93	2.90	**Remmili e Kerfouf (2013)**
Costa do Souk Tlata	18.40	-	8.26	-	**Hachemaoui (2014)**

Baía de Annaba		19.46	36.36	7.76	51.86	OUALI Naouel (2018)
Guiné						
Baía de Tabounsou	Autoridade portuária de Conacri	24,8	32,4	7,2	5,6	Dr. Abdoulaye BAH (2019)
	Boulbinet	25,02	33,7	6,5	8,8	
	Boussoura	25,08	22,76	8,5	9,7	
	Dabondy	21,61	19	7,8	6	
	Yimbaya Tanerie	28,64	28,55	8,1	5,8	
Baía de Landreah	Sangaréah Badè	32,91	22,05	9,6	6,9	
	C.T.Kaloum	37,21	11,71	6,9	5,3	
	Dixinn port3	25,06	23,62	7,43	6,8	
	Kipé	25,07	38,5	5,83	5,5	
	Kaporo Beah	25,04	-	8,84	6,3	
	Porto Sonfonia	25,03	-	6,91	7,7	
O estuário do Konkouré		31,02	33,04	6,98	6,5	Onivogui G et al, (2013)
Baía de Tabounsou (média dos resultados dos três pontos de amostragem)		26,7	30,13	7,3	7,9	Este estudo 2020-2021

Tabela D: Comparação dos resultados da análise de metais na água com dados bibliográficos.

Localizações		Zn (mg/l)	Cu (mg/l)	Cd (mg/l)	Pb (mg/l)	Referências
Baía de Tabounsou	Porto Autónomo de Conacri	1.98	0.71	7.03	3.07	Dr. Abdoulaye BAH (2019)
	Boulbinet	1.18	0.075	6.5	2.33	
	Boussoura	0.84	0.93	0.08	0.19	
	Dabondy	1.58	0.76	0.69	0.26	
	Yimbaya Tanerie	1.54	0.95	8.06	2.42	
Baía de Sangaréah	Sangaréah Badè	0.23	0.019	0.25	0.14	
	C.T.Kaloum	2.48	0.58	6.9	3.88	
	Dixinn port3	1.28	1.61	0.37	3.81	
	Kipé	1.62	0.079	8.5	5.17	
	Kaporo Beah	1.35	0.22	0.91	2.87	
	Porto Sonfonia	1.99	0.35	8.05	2.39	
O estuário do Konkouré	Kakounsou	180	0.80	0.025	1	Onivogui G et al, (2013)
Baía de Tabounsou (média dos resultados dos três pontos de amostragem)		1.47	1.07	0.027	0.12	Estudo atual (2020-2021)

Tabela E: Comparação dos resultados da análise de metais em filetes de peixe com dados bibliográficos.

Localizações	Espécies	Metais pesados				Referência
		Zn	Cu	Cd	Pb	
Lago Manzala (Egito)	*Mugil cephalus*	29.62	5.75	2.75	1.74	**Bahnasawy et al., 2009**
Lagoa de Tuzla (Turquia)	*Mugil cephalus*	39.6	0.53	0.92	0.09	**Dural et al., 2007**
Lagoa Monolimni (Turquia)	*Mugil cephalus*	220	50	3.0	0.6	**Boubonari et al., 2009**
Bejaia Argélia	*Dentex angolensis*	0,239	0,685	0,010	-	**Mansouri Kahina et al, 2016**
Lagoa de Ghar El Melh (Tunísia)	*Mugil cephalus*	-	0.202	0.09	0.338	**Chouba et al., 2007**
ʿLago Qarum ~~Egito~~	*Mugil cephalus*	2.69	2.73	-	-	**Authman & Abbas, 2007**
Turquia mediterrânica	*Pomadasys jubelini.*	34,58	4,17	0,55	5,57	**Canli et al, 2002**
Baía de Iskenderun (Turquia)	*Mugil cephalus*	0.005	0.001	0.002	0.0003	**Turkmen et al., 2006**
Costa de Karatas (Turquia)	*Mugil cephalus*	24.2	9.8	6.3	1.5	**Çogun et al., 2006**
Baía de Tabounsou (tamanho máximo-mínimo)	*Pomadasys jubelini*	(70-61,3)	(22 -19)	(0,4- 0,34)	(0,04 - 0,016)	**Estudo atual (2020-2021)**
	Mugil cephalus	(30-26)	(32,5-31)	(0,6-0,49)	(0,07 -0,055)	
	Dentex angolensis	(24,5- 22,8)	(29,6- 28)	(0,21-19)	(0,067 -0,03)	

APÊNDICES II: IMAGENS

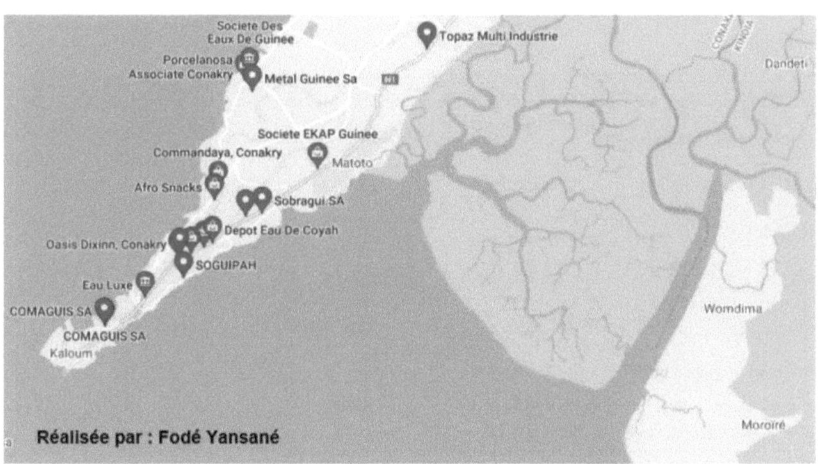

Fig 1: Mapa de algumas fábricas de Conacri

Fig 2: Edifícios não planeados em Faban (sul de Conakry)

Fig 3: Descarga de efluentes líquidos da central térmica de Kaloum no mar

Fig 4: Coletor principal do CTK que conduz os efluentes para o lago e para o mar

Fig 5: Canal de descarga de resíduos mistos do Tannerie para o mar

APÊNDICES III: FORMULÁRIOS DE INQUÉRITO

A.ÀS AUTORIDADES

---------- Data/2020   Número --------- do porto : ----------------------

Respondente : ____

Quantas pessoas são responsáveis : --

Nacionalidade: guineense   □; leonesa   □; ganesa □; outra O

PERGUNTAS

Existem actividades humanas ao longo do estuário do Tabounsou?

Sim □Não   □Não   faço ideia □

Quais são os mais populares?

....

....

....

Existe uma ligação entre o seu departamento e as diferentes actividades na ria de Tabounsou?

Sim □Não □

Não faço ideia □

Efectuam estudos ao longo do estuário?

  Sim   □Não □Não   faço ideia □

Dispõe de dados estatísticos sobre estas actividades ribeirinhas?

Sim □Não   faço ideia □

Estas actividades têm um impacto no estuário?

Sim   Não □Não   □Não   faço ideia □

Que efeitos observou?

....

....

....

Que espécies são desembarcadas com mais frequência?

....

....

....

B.A PESCADORES

----------- Data/2020   Número ---------do porto : ----------------------

Respondente : ---

Atividade principal: --------------------------Atividade secundária :   ---------------------------

Nacionalidade: guineense   □; leonesa   □; ganesa □; outra □

Perguntas

Utiliza material de pesca? Sim Não

Se sim, que equipamento de pesca utiliza?

✓ Rede de emalhar (CVP)		sim □	não □
✓ Rede de emalhar de deriva (febre		sim □	não □
✓ Rede de emalhar de cerco (FME)		sim □	não □
✓ Líquido renovável	(FT)	sim □	não □
✓ Linha	(LI)	sim □	não □
✓ Palangre	(PA)	sim □	não □

Esta máquina cumpre as normas? Sim O Não □

Em caso afirmativo, qual a dimensão da malha utilizada   e qual o tipo de arame utilizado?

Utiliza os barcos?

Sim...   Não ...

Em caso afirmativo, que barcos utiliza?

Este estuário é rico em recursos haliêuticos?

Sim... Não...   Não faço ideia □

Quais são as espécies mais capturadas?

Qual é a quantidade de espécies pescadas por dia, em quilogramas?

Peixe : -------- Camarão : ------Caranguejo :----

Existem espécies ameaçadas de extinção Sim ... não □ Não faço ideia ...

Se sim, quais?

....

....

....

O que é que acha que está por detrás desta ameaça?

....

....

....

Houve alguma alteração nas suas capturas em relação aos anos anteriores?
Sim ...   Não ... Não faço ideia ...

Em caso afirmativo, o que pensa ser responsável por esta variação?

....

....

....

Como pescadores do estuário de Tabounsou, quais são as vossas principais dificuldades?

....

....

....

....

....

C. AOS AGRICULTORES/CAMPONESES

_______ Data/2020   N.º do cartão: -Porto : ----------------------------------
Respondente :

Atividade principal: ---------------------------- Atividade secundária :   ----------------------------

Nacionalidade: guineense   □; leonesa   □; ganesa □; outra O

Perguntas

Qual é o tamanho do seu campo?
....

Durante quanto tempo é que o banco pode ser cultivado?
....

Por vezes, aumenta a superfície do seu campo?

Sim   ....Non ... não faço ideia ...

Utiliza produtos químicos na agricultura? Sim ... não ...

Em caso afirmativo

Que : ....

Quanto é que usa?...

A atividade bancária é sempre rentável?

Sim ...Não....Não   faço ideia I I

Quais são, na sua opinião, as causas de eventuais variações?

....

....

....

Como vê o futuro da agricultura ribeirinha?

....

....

....

Como agricultor/ripariano nas margens do rio, quais são as suas principais dificuldades?

....

....

....

Printed by Books on Demand GmbH, Norderstedt / Germany